可持续发展城市(镇)化道路
——美国佛罗里达州道路考略

赵宪尧 著

华中科技大学出版社
中国·武汉

内 容 提 要

本书通过作者在美国佛罗里达州的旅游见闻和全面系统的考察，以活泼生动的笔触记录了一位中国城市规划与建设专家对可持续发展城市化道路的严肃思考。全书以美国佛罗里达州为样本，从城市与乡村、商业与停车、道路与交通、居住与环境、文化与体育、医院与学校、历史与保护、教堂与坟墓、居民与人口等多方面进行考察，论述可持续发展城市化之路。在全面论述的同时，本书还刊出了四百余张配套的精美照片。

本书可供从事城乡规划、设计、建设、交通、管理等部门干部和科学技术人员在工作中参考，亦可作为高等学校城市规划与建设各相关专业师生的教学参考用书。本书对初次去美国，尤其是到佛罗里达州暂居的人士和旅游者也具有参考价值。

图书在版编目(CIP)数据

可持续发展城市(镇)化道路：美国佛罗里达州道路考略/赵宪尧著. —武汉：华中科技大学出版社，2014.12(2024.10 重印)

ISBN 978-7-5680-0563-0

Ⅰ.①可… Ⅱ.①赵… Ⅲ.①城市道路-城市规划-研究-美国 Ⅳ.①TU984.712

中国版本图书馆 CIP 数据核字(2015)第 000695 号

可持续发展城市(镇)化道路——美国佛罗里达州道路考略 赵宪尧 著

责任编辑：简晓思
责任校对：曾 婷
封面设计：王亚平
责任监印：张贵君
出版发行：华中科技大学出版社(中国·武汉) 电话：(027)81321913
武汉市东湖新技术开发区华工科技园 邮编：430223
录 排：华中科技大学惠友文印中心
印 刷：广东虎彩云印刷有限公司
开 本：787mm×1092mm 1/16
印 张：12.75
字 数：198 千字
版 次：2024 年 10 月第 1 版第 4 次印刷
定 价：68.00 元

前　言

2011年秋，我和妻子张芷香在英国转了一圈，回到北京，住进了中国石油大学（东营）北京办事处。办事处每天都有班车往返于北京和山东省东营市。东营市，这座因石油而发展起来的城市如今已经进入了大城市之列，其主城区的人口规模接近百万，高楼林立、工业发达、市政设施齐全。这座城市盛载着我不灭的记忆和乡思，多年来，我一直想故地重游。我和妻子、孩子，是1969年深秋从北京市海淀区北京石油学院搬迁到东营的。那时，东营是一片白花花的盐碱滩，只因发现了石油、成立了“九二三厂”（胜利油田的前身）而逐步发展起来。北京石油学院分得了近万平方米夯土平房（俗称“干打垒”）和数千亩草木不长的盐碱地，改名华东石油学院。我自1964年开始在山东省首府，美丽的历史文化名城，济南市城市规划设计室从事道路、桥梁设计，十年后，又全身心投入到东营市的城市规划和建设中：参与规划这座城市的第一所大学，设计这座城市的第一栋钢筋混凝土砖混建筑——某大学女生宿舍楼和其第一所现代化图书馆，还参与设计建造了这座城市第一座大跨度钢筋混凝土双曲薄壳大会堂，第一次采取抬高、换土、隔离、压碱等技术措施，在这座城市规划、设计、建设第一处城市公园和园林居住小区……五十年后再到东营，城市高楼林立，石油大学绿树成荫，当年在盐碱滩终年耕作仍食不果腹、衣难暖身的农民变成了丰衣足食的石油工人、超市员工、银行职员与农场农民工。我想，这里的城市化进程也许算是可持续的。

20世纪90年代初，我受命在当年中国第一个，也是唯一的一个经济特区省省会、改革开放的前沿城市海口市，参与设立了武汉城市建设学院海南规划设计研究院，从事海南省的城市规划、道路桥梁、市政工程、房屋建筑的规划与设计。又一个三十年过去了，海口市、三亚市、儋州市、琼海市……都已展现出现代化城市的风姿。也许，美丽的海南岛上的城市化进程也可以算是可持续发展的。

而我从小生活、学习、扎根在此的武汉市，城区人口早已从不足百万增加到了七八百万之多，整日交通拥堵，雾霾重重；我的故乡，中原大地上原本美丽如画的乡镇泰山庙和赵庄，还是那样的平静，但却凋零、落寞……这样的城市和乡村，在上一轮城市化发展中难道是可持续的吗？

新世纪伊始，站在大学讲台上，坐在研究室计算机台前，眼前闪现出我去主持过规划、设计项目的大大小小的城市，我去参加过规划或设计方案专家评审会的那些城市，它们的发展是可持续的吗？

我需要冷静地思考，需要视野更开阔地去考察。我想到了美利坚合众国佛罗里达州约15万平方公里的土地，那个科技进步、经济发达、环境优美、社会和谐、历史悠久的宜居家园，我要去一探究竟。

2013年下半年，我第三次赴美，又一次在妻子张芷香医生的全程陪护下，开始了为时两个月的体验式考察。与前两次蜻蜓点水式的走访和旅游不同，这次我们一直待在佛罗里达州，始终住在一个城市——盖恩斯维尔市，始终往返于一所大学——佛罗里达大学，始终围绕着交通、道路、城市、居民进行访问、观察和交流。对于这次旅美考察，最初目标其实只有一个：借鉴美国的经验，怎样在我国，更紧迫的是在湖北省十堰市推广我和我的项目组提倡的理念，即“一城一模，常年维护，模型公开，数据共享”以及“交通情景控制规划”，同时，看看美国的公共交通，寻找并思考如何将欧美公共交通服务规划、调度规划理论与我国公共交通规划实践相结合，为我国，更紧迫的是为湖北省城乡公共交通规划编制提供一个新的思路。

出乎意料的是，我带去的这两个问题在佛罗里达州访问的时候轻易地得到了解决。关于交通模型，在佛罗里达大学建筑规划学院以及土木工程学院教授和研究生的介绍下，在计算机和手机上，我清楚地看到佛罗里达州以及盖恩斯维尔市的各个交通模型，我不能不说我的心情感慨万千。在那里，交通模型数据资料之完整、实时与丰富，网上界面之清晰、实用与人性化，图表之精细、完善与科学性无不显示出模型构建者的精心、细致和职业操守。在那里，一个州，一个交通区域，一个县，一个市，交通模型之多样、全面、协调、完整与全覆盖，处处令人感受到交通模型编制之系统，管理之规范，应用之广泛。对比我们自己，面对交通模型数据贫乏、更新滞后、模型管理封闭、各自为政的局面，你不能不感叹差距之大。当然，你也会很自然地得出结论：赶上那里并不困难，所需要的只是我们的管理官员与科学技术人员实事求是的科学态度、职业操守和责任心。其实，“一城一模，模型公开”是一件很简单的事情。当我与佛罗里达大学彭仲仁教授交流“交通情景控制规划”理念时，我们的观点一拍即合，通过交谈得知，他们更关注“交通环境”的情景预测，而且他们早已启动了运用非集计模型编制交通预测软件的工作，看来，如果我们不“迎头赶上”，定将再次落后几十年。

关于公共交通服务规划问题，其实并不需要和美国的学者或同行们作过多的探讨，只需实地考察考察，便可解决。

在美国朋友无保留的帮助下，我带来的交通预测、交通规划和公共交通规划问题，顺利地得到了解决，随后我又利用在美国的三四十天时间，考察了一下这里的道路与道路交通情况，借华中科技大学赴美访问学者赵逵教授开车之便，我几乎跑遍了佛罗里达州各个级别的道路，对那里的道路系统、道路横断面与交叉口规划设计与管理感受颇深。欧美的道路管理，技术设计，并不像我们这样，将道路分为公路和城市道路两种，我们国家的道路由交通部门和城市规划建设部门分别规划、设计、建设和管理，甚至技术规定和标准也是各搞一套，而我将欧美的道路按五级分类法分为高速公路、快速路、主干道、次干道与支路五个等级，分别去认识他们各自的技术和管理特点。

道路将佛罗里达州广袤的原野和城市、乡村连接成一个有机的、可持续发展的社会与空间生命体。它连接起了盖恩斯维尔市大大小小的学校、商业区、住宅区、机关、公园和车站广场，连接起了阿拉楚阿县大大小小的农家、牧场、果园、厂房和仓库，连接起了佛罗里达州大大小小的村落、乡镇、城市、海港、机场，湖泊和森林……在旅途的间隙，我近距离地观察它们、审视它们、思考它们以及在那里活动和生活的人们。其实，直至21世纪初，我主持或参与过许多城市的规划、设计项目与评审会议，尤其在主持“海口市历史文化名城保护规划”和“十堰市综合交通体系规划”的经历中，我对我国城市和村镇的规划、建设和发展的感触从喜悦转为不安、困惑和思考。当读者了解了我的工作性质与经历，便不会对我在美国佛罗里达州的乡镇、城市、商店、住宅、公园、海滩、学校、教堂……这些地方如获至宝般的走访、观察和拍照感到唐突了。

从美国回来后,按约定,要作几次讲座。面对规划、设计、建设、管理单位的同行或是大学师生这些不同的听众,所讲内容自应有所区别和偏重,讲稿与PPT也有几个版本。一轮讲下来,我发现,所讲话题,已经涉及了城市与村镇规划建设的诸多方面,而不仅是道路和交通。通过讲座中的交流环节,大家的关注点也已凸显,于是我萌发了将讲稿和PPT编辑成一本书的想法。这样的一本书,既然是以多媒体讲座为蓝本,就决定了它必是图文并茂,并以现场实拍照片为主的特点;同时又因为它是由于在美国佛罗里达州考察引发的思考,就决定了它的内容与选用照片,将很少涉及其他地方,而只是在必要对比时,才选用在美国其他州和欧洲所拍摄的照片;这样的一本书,既然涉及城市乡村发展建设的诸多方面,那它的名字,就应包含"城市化"与"可持续"这样的理念,于是,《可持续发展城市(镇)化道路》这样宏大主题的书名便诞生了;又或是这样的一本书,既然是以完全肯定的观点,介绍美国佛罗里达州城市化道路,本书的副标题也就必应是——美国佛罗里达州道路考略。

赵宪尧

2014年9月

重印代序

赵宪尧教授写的《可持续发展城市(镇)化道路——美国佛罗里达州道路考略》是一本很不错的著作,值得一读。建议掌握湖北省城市发展命运的领导,在百忙之中浏览一下,可能会对未来的城市规划决策有所裨益。

本书特点:一是对城市化发展道路观点鲜明。如提出城市发展的根本目标——建设美丽家园,创造幸福生活。城市是一个生命体,要像爱护、敬畏培育生命一样培育城市并使其可持续发展。城市发展模式应该是渐进的、协调的、可持续的,而与其大小无关等,值得规划工作者和决策者深深思考。二是将湖北省与佛罗里达州进行了对比,举了许多实例,有很强的说服力,实践是检验真理的唯一标准。三是语句通俗易懂,附有很多照片,读起来有趣味性,不会令人感到枯燥无味。

可进一步探讨我们为什么做不到,其原因何在,作何解决?

八旬高龄城市规划工作者任周宇

原武汉城市建设学院院长

2015年9月15日

重印序言

——《可持续发展城市(镇)化道路》读后感

天天匆匆忙忙,好久没有能够一口气读完一本书的经历了,今天周末,上午无其他安排,静静地读完了赵宪尧教授的《可持续发展城市(镇)化道路——美国佛罗里达州道路考略》。

书中夹叙夹议,配以丰富的第一手照片,没有太多的说教,多是叙事和实景,使得该书可读性非常强,而书中的精华之一是最后赵教授的演讲实录,乃为点睛之笔。书中语言运用多样,一书读毕,由衷佩服赵教授文字功底之深厚。

本书非其他有关可持续发展之类的说教式的书本,一如游记,读起来较为轻松(这也是能够一口气读完的原因之一)。在阅读过程中,在赵教授书中文字的指引下,亦可对当代中国的城市发展之路有一定的思考,或者说需要一定的思考。遗憾的是,很多的话似乎只有当人在退休之后、在无欲无求之时才能够言说,而当在位之时(非在领导岗位,指还在工作),即使有很多想说的话,又有多少能够直接说出?规划工作者亦属无奈。

对于赵教授所言的大拆大建,以及与美国历史建筑保存良好相比,个人觉得城市规划者倒未必是关键。我对于美国的政体不是特别了解,但是美国的市长大多是本地长大,无论是任职期间,还是卸任后都在本地工作。因此,他所执掌的城市就是他的故乡、家乡,他会对这个城市有很深的感情,他的服务对象不是州长、总统,而是这个城市的居民,因此,他了解这个城市的历史,对这个城市的一草一木都有感情,故他不会随意下决定(当然因为产权私有等问题,也不是想拆就能拆的)。赵教授对积庆里、对武汉中苏展览馆有一定的乡情,可是不是所有人都有这样的体验,一些在本地人看来很有感情不应该拆的,在要拆的人眼里不会有任何的意义和价值。

当然，说与城市规划者无关也不对，“独立之精神，自由之思想”似乎与社会渐行渐远，不能为了“适应”，选择放弃。

“我参加过许多所谓专家咨询会、评审会，你老提不同意见，人家何必非要请你去参加呢？发表意见与领导一样的专家有的是”。

“一批具有人文关怀和哲学头脑的科学技术工作者”，目前我们的工程师，是否欠缺一定的人文关怀呢？

“城市九困：工作、居住、资源、环境、文保、传承、安全、母体、道路交通”，其他八困都为两字，唯独交通占用四字，凸显交通之重要，然而，目前何止有道路交通之困？地铁、航空、铁路，亦是困困不断。

该书非晦涩难懂的学术巨著，阅读期间读者应会感到与作者的交流，这得益于作者语言的运用和文风的独特。本书虽价格不菲，但值得一读。

“美丽家园，幸福生活”——与君共勉。

清华大学 李瑞敏

2015 年于北京

目　　录

1 绪　论

1.1 城市化

叙述“城市化”，就不能忘记，城市源自农村，而且离不开农村。说城市源自农村，是指任何一位城市人，除了空气和水，最离不开的就是农村人供给的粮食、蔬菜等。例如东营市，它的城市人口从何而来呢？其一是从大庆、玉门、北京等地来的石油工人、干部、教师以及他们的家属，还有来到石油大学求学的大学生们；其二是多年以来在这座城市出生的人。前者属于城市人口的“机械增长”，后者属于城市人口的“自然增长”。当前东营市总人口约200万，工作并生活在城市中、属于城市人口的大约有120万人。我们把城市人口占总人口的比例称为“城市化率”，也就是说，东营市的城市化率约为60%。不同部门公布的中国当前的城市化率五花八门，有的说达到了52%，有的说只有41%，其实他们都有意无意忽略了一个事实：当今，中国各部门统计公布的城市化率与其能科学反映社会经济发展水平和状况的本质相去甚远。这是因为数据中的“城市人口”难以界定，且并非典型。

农村人口向城市转移的根本原因是：农业生产率的提高使得农村的劳动力过剩，而城市又能提供工作岗位，于是，在农村从事第一产业的农民来到了城市，从事第二产业或第三产业。接着，由他们抚养的老人和孩子也都来到了他们身边，和他们一起由农村人口转变成了城市人口。这是典型的城市化进程，反映了一个国家、一个地区社会经济可持续发展的水平和状况。如果说中国城市化进程并不典型，并不能反映当前中国各省、市、县、镇社会经济发展水平和状况，那么根据世界城市化进程中独有的“农民工”现象，就会明白。这些所谓的“农民工”工作在某个城市，从事着第二产业或第三产业，但他们可能并不为这个城市所接纳，他们无法得到与城市人口相同的工作、居住、文化、医疗、教育条件，他们甚至无法从农村接来自己的配偶、孩子和双亲！这些本应属于城市人口的人们，有关部门将他们计入城市人口了吗？所以说，这些城市化率数据是非典型的，并不具备衡量社会经济可持续发展水平和状况的特性。

在社会经济和谐发展到今天的美国佛罗里达州，统计城市化率也已经失去了意义。因为这里的城市化率已经接近90%，城市化进程已经完成，城乡的社会经济和生活水平差距已经消失。人们所见到的，的确是城乡差别、工农差别的消除，只是这种差别的消除过程是自然的、和谐的，完全不同于三四十年前，山东省东营市胜利油田的那种非典型的消除。

也许我们该回过头来想一想到底什么叫作城市。关于城市，有很多种解释。我们先看看《周礼·考工记》中《匠人营国》篇是怎么说的吧。"匠人营国，方九里，旁三门。国中九经九纬，经涂九轨。左祖右社，前朝后市，市朝一夫……经涂九轨，环涂七轨，野涂五轨。"一个完整的城市形象(见图1-1)，我们的先人就非常明确地提出来了。《匠人营国》说的是规

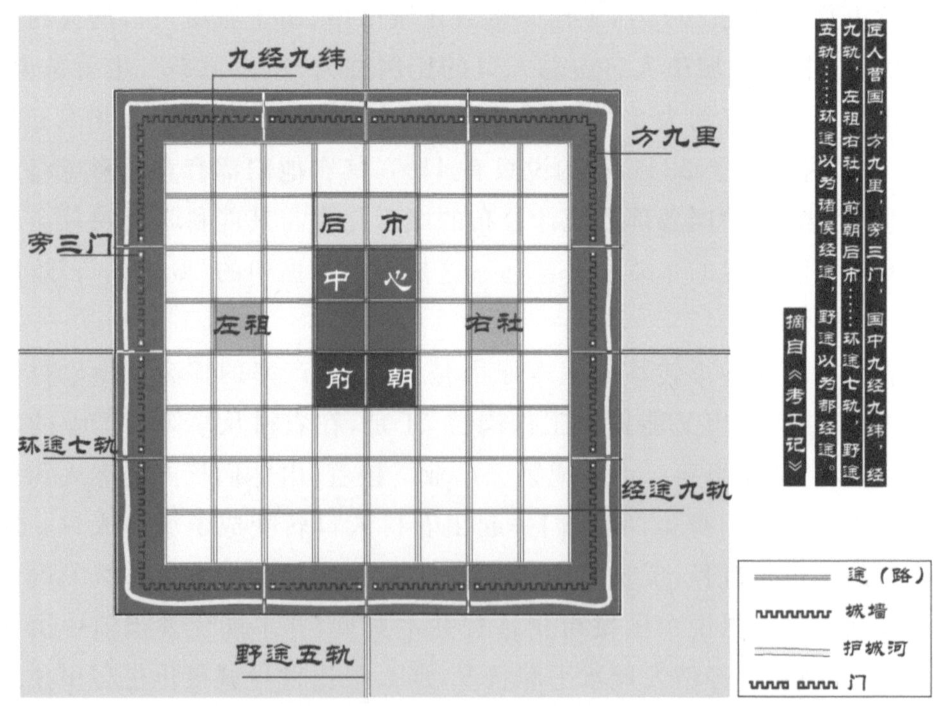

图1-1 《周礼·考工记》中《匠人营国》描绘的城市

划者在建设国家的中心城市时，应遵守的基本制度。“方九里”是指这个中心城市九里（1 里等于 500 米）见方，大概可容纳 10～20 万人工作、居住和生活；“旁三门”是指中心城市的每面有三个城门；“九经九纬”是指这个中心城市的主干道为九条横向道路、九条纵向道路；“左祖右社”是指左边有祭祖的地方，右边有结社的地方；“前朝后市”是指前面是办公的地方，后面是市井、百货、商店等贸易的地方；“市朝一夫”是指市场的大小如一夫之地，即方百步，东西、南北各长 140 米左右；“经涂九轨”是指这十八条主干道分别可以供九辆马车并行；“环涂七轨”是指环城道路可以供七辆马车并行；“野涂五轨”是指郊区公路可以供五辆马车并行。这就是一个完整的城市所应该具有的规模、功能和道路格局。但是如果用这个标准来衡量现代的城市，达到了我们先人所要求的标准没有？没有。在几千年以后的欧洲，英国著名的城市规划大师霍华德提出了一个城市规划理论——田园城市。这个田园城市的中间是一个中心城市，其人口规模仍旧是 10 万～20 万。当这个城市超过一定规模的时候，要用一条道路连接出去，形成若干个卫星城，或者形成若干另外的城市，于是就形成了这样一个环形城市系统——“太阳城”（见图 1-2）。改革开放之初，天津市提出了一个建设“三环十四射”路网结构的设想。在这个设想中，三环以外是绿化带、农田或森林，将天津市围绕在绿色之中。但是，这个设想并没有实现，现在的天津仍旧是雾霾重重、交通拥堵。天津提出“三环十四射”设想以后，全国各城市竞相效仿，北京、上海、武汉乃至深圳都在规划自己的环圈式城市结构。上海人比较精明，他们将三条环路分别称作内环路、中环路和外环路，希望将中心城区限制在外环路以内；北京则把环路命名为一环、二环、三环，也希望把中心城市限定在三环或四环范围以内，但如今北京城区已经扩展到了四环、五环甚至六环。上一阶段北京市的城市化发展可以称为“可持续发展”吗？恐怕未必。如今那里的发展就吃到苦头了。苦到什么程度呢？据说北京的相关负责人立下军令状，要治理好雾霾与交通拥堵，就得把北京市的城市和工业向外疏解。我们并不知道具体的疏解方法，但是看得出来，目前人们对北京市区现在的生活状况、环境状况、交通状况是不满意的。城市是一个生命体，是应该得到持续发展的。我们要像爱护生命一样爱护城市，要像敬畏生命一样敬畏城市，要像

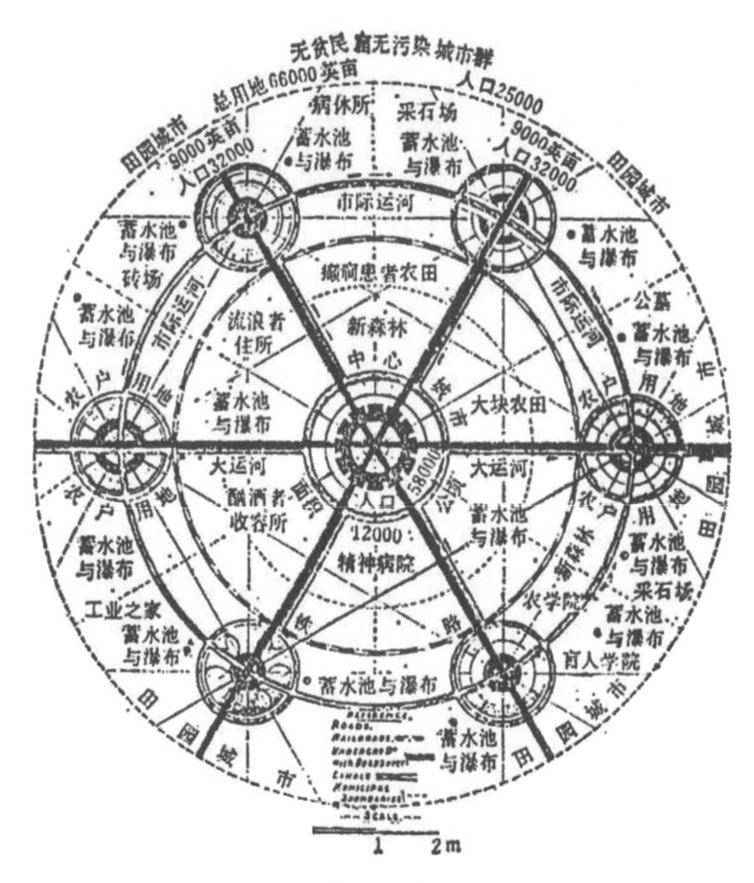

图 1-2 英国霍华德构思的“太阳城”

培育生命一样培育城市的持续发展。否则城市在发展过程中就可能出现病痛,甚至癌症,这样的城市发展是不健康的。如果城市发展不健康,那么在这个城市里工作、生活和居住的人民,也是不健康、不幸福的。

城市是人们工作、生活和居住相对集中的居民点。分布在广袤大地上的大大小小的城市,应该是系统的、有机的、协调的(见图 1-3)。我们可以按照城市的人口规模区分城市等级,但等级不应有高低贵贱之别、政策偏袒之虞。城市各自的发展应该是平等的、自然的、协调的、可持续的。我国将城市按其城区常住人口数量划分为四级:20 万以下的是小城市,20 万～50 万是中等城市,50 万～100 万是大城市,100 万以上是特大城市。这些居民点有的是直辖市,有的是省辖市,有的是地级市或县级市,有的只能称作镇、乡,还有众多的居民点被称为村。按照这样划分,我国可能

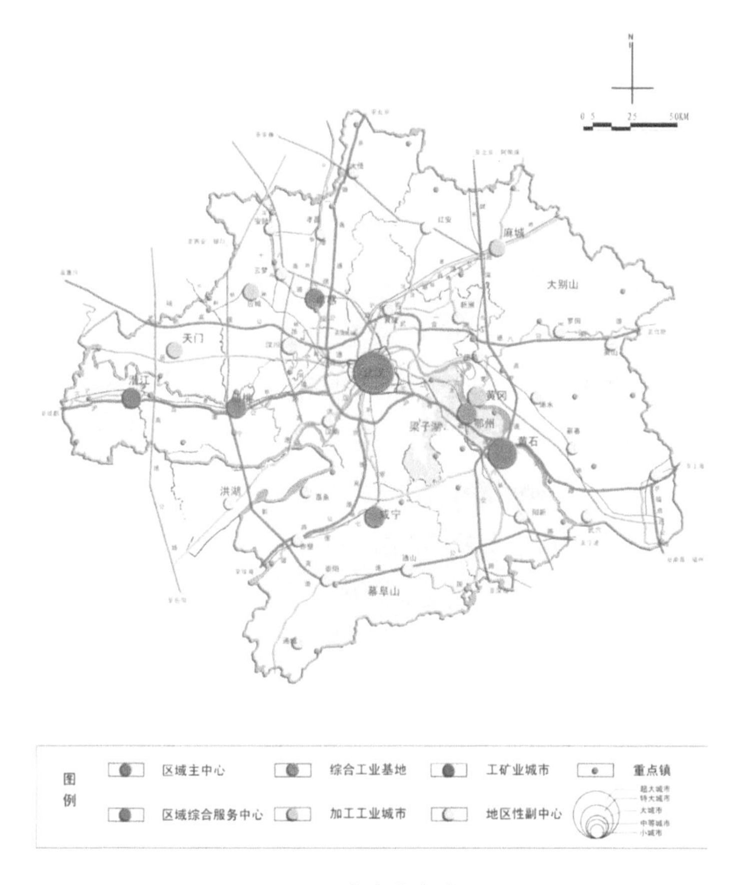

图 1-3 城市分布系统

有 600～700 个大、中城市，3000 多个县城，以及 30000 多个乡镇和百万座村落。市也好，县城也好，乡镇也好，我国聚集了 10 万以上人口的城市不下数千。而接近 10 万人的城镇，在欧洲、美洲就算是大城市了。因此，本书提到的观点，适合我国人口在 10 万人以上的所有城市，甚至人口不足 10 万的城市也可以思考一下本书所讲的内容。不要总说“我们国家人口太多，土地资源贫乏”，过分强调弱势，可能粉饰、纵容人为的失误。按每千人拥有的土地数量来比较，中国确实比美国、英国、法国少，这三个国家每千人拥有的土地数量分别为 31 平方公里、11 平方公里和 10 平方公里，而中国只有 7 平方公里，与俄罗斯每千人拥有 122 平方公里土地相比，差距更大。可是在德国、日本、印度等国家，这个数字依次是 4.5 平方公里、3.0 平方公里、2.7 平方公里，而在新加坡每千人只拥有 0.14 平方公里土地。也许有人会说,新加坡太小,整个国家还没有我国的武汉市大。但是,武汉市每千人拥有土地 0.85 平方公里,远远大于新加坡。也许有人又要以"我国的土地贫瘠、利用率低"来作为借口。我们可以看看美国西部大沙漠的荒凉,再想想新加坡 1965 年 8 月被强行驱逐出马来西亚联邦、建立独立共和国时,极度缺乏资源、缺乏土地的艰难,对比一下这两个国家可持续发展的城市化进程,我们还能说些什么泄气的借口呢?说到城市发展,人们总是以这个城市要发展得有多大规模,有多少人口,有多高的 GDP 作为评价标准,但城市发展的根本应该是建设美丽家园、创造幸福生活。城市所采取的发展模式应该是协调的、渐进的、可持续的,而与其大小无关。中国的湖北省与美国的佛罗里达州拥有几乎相等的土地面积,前者拥有 18.6 万平方公里,后者拥有 17 万平方公里(见图 1-4、图 1-5)。湖北省总人口约为 6000 万,国内生产总值(GDP)约 2.5 万亿人民币,折合成美元近 4000 亿,人均 GDP 大约 7000 美元;佛罗里达州人口约为 2000 万,GDP 约 8000 亿美元,人均 GDP 约 4 万美元。湖北省的面积与佛罗里达州的面积相当,但湖北省的人口数量是佛罗里达州的三倍,而前者的 GDP 总量只有后者的二分之一,人均 GDP 更是仅相当于后者的

图 1-4　中国湖北省行政区划

图 1-5 美国佛罗里达州行政区划

1—艾斯康比亚县；2—圣罗萨县；3—奥卡鲁沙县；4—沃尔顿县；5—霍尔姆斯县；6—华盛顿县；7—贝县；8—杰克逊县；9—卡尔霍恩县；10—湾县；11—加兹登县；12—利柏提县；13—富兰克林县；14—莱昂县；15—瓦古拉县；16—杰斐逊县；17—麦迪逊县；18—泰勒县；19—汉密尔顿县；20—萨旺尼县；21—哥伦比亚县；22—贝克县；23—尤宁县；24—布拉福县；25—纳苏郡；26—杜瓦尔县；27—克莱县；28—圣·约翰斯县；29—拉斐特县；30—迪克西县；31—吉尔克里斯特县；32—阿拉楚阿县；33—普特南县；34—弗莱格勒县；35—莱维县；36—马里昂县；37—西特拉斯县；38—赫尔南多县；39—萨姆特县；40—莱克县；41—沃卢西亚县；42—塞米诺尔县；43—帕斯科县；44—橙县；45—皮尼拉斯县；46—希尔斯伯勒县；47—波尔克县；48—奥西欧拉县；49—布拉瓦县；50—印第安河县；51—马纳提县；52—哈迪县；53—萨拉索塔县；54—德索托县；55—高地县；56—欧基求碧县；57—圣卢西亚县；58—马丁县；59—夏洛特县；60—瓦古拉县；61—李县；62—亨德里县；63—棕榈滩县；64—柯里尔县；65—布劳沃德县；66—门罗县；67—迈阿密-戴德县

六分之一。但这并不是两地城市化发展相差的关键，因为湖北省的 GDP 将会很快超过佛罗里达州的 GDP，甚至两地的人均 GDP 也会越来越接近。但比较城市化发展的根本目标——美丽家园、幸福生活，又是如何呢？笔者考察佛罗里达州，就是想提供给读者一个对比与思考。阅读本书各章节，其实并不枯燥，因为枯燥的数字已在绪论中列出，以后各章主要是展示一些有趣的、精美的图片，舒展读者的身心。不过，下面一组数字还是希望读者给予关注，因为笔者的思考可能会在这里集中显现。科学有据的比较就是研究，以下将通过城市的规模分布来比较中国湖北省和美国佛罗里达州的城市化差别。

湖北省下辖 11 个市、1 个自治州，还有 4 个直辖县级市和林区，共计 15 个分区单元，又再细分为大约 85 个市、区、县行政管理单元，每个行政市、区、县平均面积约 2200 平方公里。湖北省按中央集权行政体制实行"市管县"制度，但市却有省级市、地级市、县级市之别，例如丹江口市隶属于十堰市，大冶市隶属于黄石市。这些市与美国佛罗里达州的市迥然不同，佛罗里达州的行政制度是"县管市"，而且县管的市，无论大小，其权力和城市化发展规划都是相当独立与自主的。与湖北省面积大小相当的佛罗里达州划分为 67 个县，每个行政县平均面积约 2500 平方公里，与湖北省的大致相当。这些县管辖着数百座大大小小的市和难以计数的分散居民点——乡村。佛罗里达州一座城市的人口，大的接近百万人，小的不足千人，但都是发展权力平等的城市，它们家园的美丽、生活的幸福其实相差无几。

让我们再细致地比较一下湖北省和佛罗里达州的城市系统。湖北省最大的城市是武汉市，它是省政府所在地，中心城区大约居住着 600 万人，占全省总人口的十分之一。紧随其后的宜昌市、荆州市、十堰市、黄石市，它们的中心城区人口依次大约为 140 万人、110 万人、86 万人、80 万人。这五座城市中心城区居住总人数有 1000 多万人，占全省总人口数的 16.7%，武汉市与宜昌市中心城区人口之比为 4.3∶1；而这五座城市所拥有的土地约占全省土地总量的 39%。佛罗里达州最大的城市是杜瓦尔县的杰克逊维尔市，但它并不是州政府所在地，城市人口大约 75 万，占全省总人口数的 4%。佛罗里达州的州政府所在地——莱昂县的塔拉哈西市人口则仅 15 万左右。紧随杰克逊维尔市之后的四个大城市依次分别是：迈阿密-戴德县的迈阿密市，人口 38 万；希尔斯波罗县的坦帕市，人口 31 万；橙县的奥兰多市，人口 20 万；布罗沃德县的劳德代尔堡市，人口 16 万。这五座城市居民总人数约 180 万，占全州总人口的 10%以下，杰克逊维尔市与迈阿密市人口之比不到 2∶1；而这五座城市所拥有的土地数量占全州土地总量的百分比也不过 10%。

从上述中国湖北省和美国佛罗里达州城市分布的数字比较可以看出：前者追求大，追求集中，崇尚聚集产生的经济发展效益；后者追求中小，追求分散平衡，崇尚可持续发展建立起来的美丽家园、幸福生活。其实，中国人懂得“限制大城市发展，大力发展中小城市，促进人口与产业的合理平衡布局，保护环境，节约资源”的重要性，但行动却背道而驰。我大致估算了一下，中国在城市化发展进程快速发展阶段初期，各省市追求聚集经济效益，制定的城市发展大规划总计人口规模已经达到了三四十亿之巨！这岂是中国可承受之重？这岂是一种可持续的城市化发展模式？各城市都在追求经济总量和城市规模翻番，却不知城市人口从何而来。全国各个城市都在盲目地、自顾自地争夺有限的劳动力，希望发展经济、提高 GDP 的时候，城市化进程乱象必然产生。可以预言，如果在当前这一轮争夺劳动力的城市化进程中，小城市战胜了中等城市，中等城市战胜了大城市，大城市战胜了特大城市，便是中国城市化发展的福音，否则，必将祸害无穷。

1.2 城市化进程

一个城市的人口由基本人口、被抚养人口和服务人口这三类人口组成。基本人口是决定城市规模而不被城市规模所决定的工作人口；被抚养人口是年龄太小不能工作，或者年龄太大已经超过了工作年龄，需要社会和家庭抚养的人口；服务人口是为所有人口提供服务的人口。一个城市应该为其所有人口提供美丽的自然环境与和谐的社会环境。但是现在中国城市的人口中，有一个大量的流动人口群体，叫作农民工。他们盖起了城市的高楼大厦，修起了城市的道路桥梁，但却并没有融入城市，更没有带着他们的孩子、父母落户在他们亲手建造起来的城市，这在世界可持续发展城市化进程中是极为罕见的。

有关城市形成与发展的理论很多，普遍认可的有“生产力驱动论”“政策驱动论”“交通驱动论”“资源驱动论”四种。中国现在特别推崇“政策驱动论”的观点，将其奉为发展城市，甚至建立城市的宝典。深圳的发展就是一个典型的例子。1979 年，一位老人在南海边画了一个圈，建立了一个经济特区，给了这片贫穷的土地特殊的经济发展政策。于是，春天的故事开始了，深圳特区发展成了一个朝气勃勃、非常具有吸引力的城市。其实这个老人还在海南岛西部的洋浦，画了另外一个圈。在那片37平方公里的土地上，这位老人希望再造一个香港。今天，洋浦已经发展成为一座小城市，它没有被铁丝网隔离，也没有被建设得灯红酒绿，如同香港般繁华。但是，洋浦的发展仍是可喜的。那个曾经一片荒芜、只长仙人掌的地方，现在已经是一个绿树成荫的现代化城市。

推崇“政策驱动论”的城市还有很多，早期建立发展起来的十堰市也是一个典型。如今有关十堰市的历史并不准确，那其实是房陵(房县)、武陵(竹溪县)的历史，而不是十堰市城区的历史。房县和竹溪县城的产生和发展只能用“生产力驱动论”来解释，但十堰市主城区的产生和发展则完全符合“政策驱动论”。20世纪50年代初，现在的十堰市城区还是群山环绕的一条条山沟河谷，一座座分散的小山村。为防坡陡弯急冲刷土地，也为了蓄水灌溉，人们垒砌起一道道石堰。中华人民共和国成立之初，百废待兴，中国经济发展不得不倚重苏联，且得准备与敌对阵营的战争对抗。地处中国腹地，交通不便，不易受到攻击的山区就被国家看中，计划在此建立重工业基地。1969年，在“文革”全面展开时，因“立足打仗”的判断已成共识，筹备“三线”建设的“办事处”终于亮出了十堰市的名牌，一座城市迅速崛起，汽车制造业快速发展。40多年过去了，资源缺乏，交通不便，传统工商业弱小的十堰市主城区已有80多万人口。十堰市行政管辖两市五县，330多万人口，23600多平方公里土地，全市GDP超过1000亿元人民币。这座现代汽车工业城市拔地而起、欣欣向荣。无疑，如同深圳、洋浦一样，十堰是“政策驱动论”的典型代表。

但是，依靠政策驱动的城市发展只能运用于特殊时期、特殊地域，它不是城市形成和发展最重要或者最根本的驱动因素，它是人们主观意志的结果。有时，过度运用这种驱动模式可能是冒险的、损害整体的。老子曰:“是以圣人处无为之事，行不言之教，万物作焉而不辞。生而不有，为而不恃，功成而弗居。夫唯弗居，是以不去。”可持续发展城市化道路正是要遵循这顺其自然、无为而治的规则。也可以说，城市可持续发展的驱动力应是经济、生产力、生产工具的渐进式发展。金属工具的出现，促进了第一产业——农牧业生产力的发展，同时快速带动第二产业——工业以及商业、服务业等第三产业的发展。于是，人们集中生产和生活就成为必然的选择，城市自然形成，并随着生产力和生产关系进一步发展，第一产业出现了越来越多的富余劳动力需要转移，成为第二、第三产业的劳动力。三大产业不断发展，农村人口向城市人口不断转移，这才是可持续发展城市化驱动力的根本所在。全世界都认为城市化进程是人类进步的重要指标，是一个地区、一个国家发展的标志性指标。这个指标可以用城市化率或者城市化水平来标定。城市化率或者说城市化水平，就是一个地区、一个国家的城市人口占总人口的比例，而这个比例是与生产力发展水平，即 GDP 相适合的，准确地说，是和 GNP，即国民生产总值相关联的。根据相关数据，当前中国的城市化率约为 52%，有的专家说是 40%左右，有的专家说是 60%左右，这些指标都是不典型的，也都可以提出质疑。例如，据统计，2014 年武汉市的城市化率已经接近 84%，而 2005 年欧洲瑞典的城市化率就是 84%。那么现在武汉市社会、经济的发展水平及人民的生活环境，能跟 2005 年的瑞典比肩吗？可以说，两者之间相差甚远。武汉市的城市化率与美国佛罗里达州的城市化率是相近的，如果仅仅用城市化率来衡量，能体现这个地区的进步和现代化吗？再以东莞市的长安镇为例。长安镇面积不到 70 平方公里，原住民 3 万～4 万人，但是现在居住了 70 多万人。那么这个城市的城市化率是多少呢？是 100%还是 200%？我们无法准确计算。因此，中国上一轮城市化进程是非典型的城市化进程。

典型的城市化进程，可划分成四个阶段——起步阶段、快速发展阶段、稳定发展阶段和成熟发展阶段。这四个阶段的临界城市化率分别在 30%、70%和 80%左右，相对应的人均 GDP 依次大约为 500 美元、5000 美元和 25000 美元。如果按照 84%的城市化率来衡量，武汉市的城市化已经处于成熟发展阶段；而按武汉市人均 GDP15000 美元的水平，则武汉市还处于城市化快速发展阶段。可以说，这种发展是非典型的，也有人称之为“超常规发展”。典型的城市化进程应该是可持续发展的，不存在环境污染、交通拥堵、居住困难、大拆大建等问题。但是非常遗憾，这些城市病痛在我国却是普遍存在的。

城市形成与发展的“资源驱动论”也有其典型性特点，东营市就是例证。当代经济发展和人民生活离不开能源，石油是一个国家最重要的能源之一。中国在20世纪前半叶，一直被认为是一个缺乏大油气田的国家。继发现大庆油田之后，1961年4月16日山东省广饶县一片白花花的盐碱地里打出第一口油井。1962年9月23日，从只有几十户贫穷人家的东营村传来特大喜讯，2号油井一天自流涌出了555吨原油，大好消息振奋了政府和全国人民。为纪念这喜庆的日子，国务院将这个油田命名为“九二三厂”，它就是胜利油田。数万名石油工人、技术人员、石油部干部，从北京、大庆、上海等地来到这片盐碱滩，盖起了土坯房——“干打垒”，展开了声势浩大的“石油大会战”。一年又一年过去了，一口又一口高产油井产油了，研究、设计、勘探、钻井、采油、炼油、供应、储运、机械，一个又一个分厂拔地而起。1969年深秋，中国石油最高学府——北京石油学院一举搬迁到这里时，几十个上千人口的居民点已经遍布在这一望无际的盐碱滩上，号称“工农结合、城乡结合、有利生产、方便生活”的新城乡发展模式已成规模。1984年我调离华东石油大学时，这里已经成立了东营市，年产石油2000万吨，市政工程齐全，公共设施先进，高楼耸立，绿树成荫，数十万人口的现代化石油城已见雏形。进入21世纪的第一个十年，东营市已管辖着两市三县，近8000平方公里的土地，居住着200多万人口，GDP达3000亿元人民币，东营市人均国内生产总值接近15万元，远远超过北京、上海。东营市主城区人口也已超过70万，显然，东营市已经迈进了中国现代大城市之列。短短40多年，一座不过几百人口的贫困村庄发展成了一座现代化的大城市，这完全得益于石油资源。

“交通驱动论”是城市产生和发展的另一个经典理论，武汉市的发展便是其典型代表。早期，人们选择的居民点，一定是在靠近水体的地方，因为人们的生产和生活，须臾也离不开水。河流，不但供给人们充足的水源，而且提供了交通运输的水道。水路、陆路交通转换的交通枢纽，具有形成与发展城市的独特优势。中原大地由北向南流淌的汉水在龟山南麓注入由西向东奔腾入海的长江，便注定了要在这两条河流交汇处形成交通枢纽和大型城市，东汉的却月城(汉阳)与三国时期吴国的夏口城(武昌)便应运而生。明代成化年间，汉水改道从龟山北麓流入长江，于是，龟山东北、汉水对岸那一片低洼荒洲的交通突然便利起来，汉口镇便迅速崛起。清朝初年，汉口镇跻身中国四大名镇之列。因为交通贸易发展起来的另外三座名镇也都是水陆交通枢纽：北方的朱仙镇有运粮河道向北进入黄河，向南经涡河连通大运河通达江南；东面的景德镇顺昌江进鄱阳湖直达长江；南面的佛山镇靠近汾江，佛山水道连通珠江。由此可见，交通在城市发展中的作用至关重要。

进入 21 世纪的武汉三镇——汉阳、武昌和汉口，已经依托近 10 座桥梁、隧道连为一体。长江黄金水道和汉水的货物运输蓬勃发展，南北十字交叉的全国铁路运输枢纽日益突出，高速公路四通八达，连管道运输也发展起来，拥有近千万人口的武汉市，正鼓足劲向国家中心城市迈进。这座形成、发展于对外交通，被喻为“东方芝加哥”的、雄心勃勃的大都市发展的瓶颈在哪里呢？还是交通！芝加哥也是位于美国中部，芝加哥奥黑尔机场年旅客吞吐量近 7000 万人次，拥有 6 条大型跑道，最长的一条跑道近 4000 米；而武汉天河机场年吞吐量不到 1600 万人次，仅有一条不到 3500 米的跑道。差距在哪里，努力方向何在，岂非一清二楚？

我认为：靠生产力驱动的城市化是可持续的；靠资源驱动的城市化是迅速的，但要提防资源枯竭，注意及时转型；靠交通驱动的城市化不能丢掉经济发展和交通发展；靠政策驱动的城市化只能用于一时和局部，且要谨防影响全局。实际上，应该提倡四个驱动并举，再针对各个城市的具体情况，有所侧重。它山之石，可以攻玉，参与美国佛罗里达州的城市化进程，我们应该可以得到一些有用的经验和体会。

1.3 并非题外话

纪伯伦说：“我们已经走得太远，以至于忘记了为什么出发。”也许，我们这些从事城市规划与建设的人，应该冷静地思考一下：近二三十年来，我们的城市化进程是不是走得太远、太快，以至于偏离了我们的追求和目标？当然，更应该思考的是我们的当政者，我们的政府官员。只是不要推脱，我们这些科学技术工作者，作为政府和决策者的参谋，甚至其中的不少人物，不是曾经也是，或者现在正是，或者将要成为政府官员、决策者吗?所以,冷静地思考,对我们每个人,都是必需的。

2012年冬,我应邀去甘肃省平凉市参加一个论坛。期间,市委书记会见一行专家时向我们介绍:平凉市人口不到250万,GDP200多亿人民币。她问道:“全市外出务工人员近50万,每年寄回的50亿人民币,可不可以算进国内生产总值之中?”我应道:“这50亿是平凉市境外净要素收入的一部分,不计入GDP,但应计入GNP,即国民生产总值中。”我还说:“其实,去南方和东部务工的50万平凉人,可能为那里贡献了数百亿的GDP量。”我到南方的东莞市长安镇考察过,长安镇土地面积不过70余平方公里,当地户籍居民不过3万,但长安镇的GDP早已经超过了平凉市,达到250亿人民币以上。长安镇常年工作居住着近70万人,其中又有多少是来自像平凉市那些地方的外出务工者呢?也许,那些外出务工者去了我国东部开放地区,譬如浙江省宁波市北仑区——我国东部改革开放最早、力度最大、国家级开发区最为密集的地区之一。北仑区面积不足260平方公里,背山面海,祖居在那里的人口30余万,拥有一个天然良港,一座热闹的城镇,遍布着渔港和乡村。改革开放以来,北仑区发生了天翻地覆的变化:港口急剧扩张,外企纷纷涌进,大片良田和海岸线划进开发区用地,原住农民和渔民离开了祖祖辈辈相依为命的土地、海洋和故居,搬进了还建的楼房,成为城市人。同时,数十万中西部地区的务工者浩浩荡荡来到这里工作、居住和生活,可能其中就有来自甘肃省平凉市的青年男女。于是,聚集在北仑区的七八十万人民,创造出来了近500亿人民币的GDP。东莞长安、宁波北仑和甘肃平凉在这场中国城市化运动的大潮中,各自取得了可持续发展的前景吗?

长安镇两三万原住民卖尽了祖祖辈辈相依为命的土地,成了百万、千万、亿万富人,伙同成百上千的来自香港、台湾的老板,靠剥削工人的剩余劳动价值发家致富。但到手的人民币、美元、高楼大厦、纸醉金迷的享乐能供给几代子孙潇洒挥霍呢?这不足100平方公里的土地,还有土地上上亿平方米的房子,再也不属于他们和他们的子孙了,他们必须和不断涌进的外乡人,也许还包括来自大西北平凉市农民工的佼佼者,共享这一切。试问,回顾历史的长河,长安镇人成功了吗?他们的后代的评论与如今短视的富二代、富一代的评论,可能会大相径庭。

北仑原住民付出的代价还远不止失去了不可再生的土地这么简单，他们还将失去自己祖祖辈辈看惯了的蓝天白云，将不得不呼吸着化工厂、钢铁厂排出的呛鼻废气，将失去他们祖祖辈辈饮用、灌溉的流水甘泉，还得眼睁睁看着那曾经滋养出漫山遍野油菜花、金黄色稻谷的土地忍受着有害重金属、化合物的摧残和折磨。

平凉市政府邀请我们，为他们"改革开放"、建设近百平方公里的经济开发区出谋划策，因为他们眼看着乡亲们千里迢迢远去淘金的南部长安镇、东部北仑区赚得盆钵皆满而心急。但我认为，平凉市绝不必，也不能走东莞长安镇和宁波北仑区的发展路子，平凉市区也绝不需要去建设上百平方公里的"经济特区"和开发区。平凉有丰富的煤矿、石灰石矿，有漫山遍野的优质苹果、玉米、小麦和牛羊。50 年后，平凉市人口大约 250 万，当城市化进程成熟之时，城市化率达到 80%，城市人口也只有 200 多万，平凉市区能保持百万人口以下，不是很好吗？平凉还有 6 个县城，假设每个县城发展到 10 万人左右，就又有六七十万城市人口，还余下三四十万城市人口，分散在七八十个乡镇城区，每个城区，不到 1 万人。这样的人口分布是非常好的。采矿业、电力工业、建材工业、化纤工业、皮革工业以及食品工业、粮食加工业等特色第二产业分布在市区、县城和乡镇；电子、生物等新兴产业以及金融、物流、商业等第三产业支持着主城区的经济。还有 50 万平凉人，在广袤的田野、山林、草地经营着自己的农庄、牧场和果园，从事永不凋谢的现代第一产业。蓝天白云，青山绿水，250 万平凉人夫妻相伴，祖孙相依，三代同堂，衣食无忧，其乐融融。百年之后，当他们回想起祖辈们背井离乡，抛家别口，自会别有一番感慨。而那时，靠出卖土地、资源、环境以及靠盘剥他们祖辈而建起了高楼大厦、灯红酒绿的东部宁波北仑、南部东莞长安大概还在为拥挤、堵车和治理大气、水体、土壤污染而操劳、烦恼。

在 2013 年的"武汉市交通工程学会年会"上，我作的专家报告题目是《可持续发展城市交通》。在报告中，我重复了在很多城市以及各种场合下表达的一个观点："我们所有的建设与发展都应当只是为了八个字——美丽家园，幸福生活。如若我们的发展污染了我们家乡的土地、水体、空气和天空，破坏了美丽的原野、森林和山川，毁灭了祖先遗留给我们的优秀文化、建筑和价值观,没有带给 99%以上的人民自由民主和无忧的生活,那么这种发展不要也罢,这种‘保八’的 GDP 不要也罢。”我见过太多“大手笔的大规划”,主要内容都是有关城市人口数量、建设用地面积、GDP 指标等,却没有提及大气、水体、植物、土壤、历史文化的保护和继承等内容,也不涉及人民的生老病死和自由民主与平等。那么这种规划的推动力到底是当政者的“政绩”,还是“美丽家园与幸福生活”呢?武汉市政府同样也有这样一个“大手笔的大规划”:容纳人口约 1800 万,城市化率接近 90%,城市人口 1600 万,建设用地规模近 1700 平方公里,GDP 为 6 万亿,号称要比肩意大利罗马、美国芝加哥、德国慕尼黑。然而政府领导对这个规划并不满意,批评了把武汉市人口限制在 1300 万内的研究报告结论,认为这种限制将无法使武汉市成为国家中心城市。于是,在这一形势下就出现了敢说大话的专家,例如北京大学经济学院曹教授就说:“未来 30 年,武汉市的城市人口应保持在 1500 万～3500 万之间。”(以上数据均引自 2013 年 11 月 29 日《长江商报》),武汉市全境面积不足 8500 平方公里,2011 年户籍人口不到 840 万,常住人口可能近 1000 万,暂住和流动人口 200 多万。除了户籍人口,其他两三百万人,是靠政策从其他地区吸引过来的,并非稳定和可持续的。此外,武汉周边的其他城市也在千方百计地吸引偏远地区的农村富余劳动力,它们同样也有雄心勃勃的大手笔规划。撇开牛气哄哄的“北上广”,武汉南部的长沙正要和武汉争个高下,北边河南省地级市驻马店也有一个千万人口规模的大手笔规划,甚至就在湖北省武汉市周边,地级市十堰、县级市孝感也都计划跨入 200 万城市人口之列,就连卧榻之旁的小小安陆市也通过了一个 100 万城市人口的大手笔规划。吃香的农村富余劳动力到底去哪座城市呢?那些遍布国土的中小城市、县城、集镇和乡村,将还有人居住吗?因此,这样的规划不是可持续发展的,这样的规划是不符合建设“美丽家园,幸福生活”的普适原则和价值观的。

1.4 雾与雾霾

2013 年 1 月底,我第三次赴美。凌晨在上海浦东机场,登上了飞往亚特兰大的航班,“空客 333”腾空而起,冲破笼罩上海上空的雾霾,向东飞去。在这之前的连续十几天内,几乎大半个中国一直被雾霾所困扰。雾霾是蛇年开始,中国人民所接受的第一堂全民环境教育课,也是自北京奥运会以后,环境污染严峻形势对我们发出的最为直接和广泛的警告,也算是对 2012 年美国驻华大使馆发布使馆区大气污染严重超标消息所引起的骚动的注解。美使馆公布使馆区 24 小时平均 PM2.5(可入肺颗粒物)严重超标的消息,震动了国民平静的心,也对全民进行了一次环境污染科普教育,人们瞬间懂得了 PM2.5 这个极为专业的环境评价指标。惶恐之中,人们误解了“雾”,这无害的自然现象。将“雾”与“雾霾”混为一谈,其实是片面的。当然,广大市民并不一定需要懂得 PM 值的科学标准、监测值及其保障措施,他们只是有权生活在能保障身心健康的环境中,保障这种环境的责任则在政府相关部门。而制定科学合理的标准、切实加强监督管理、及时采取有效保障措施等,则是卫生、环境科学技术工作者和政府的任务。这就如同大众本不必懂得三聚氰胺这种化合物,他们只需享用卫生、营养的牛奶就是。但官方的失职,信息发布的缺损、不透明,逼着大众去学习化学。不过,PM2.5 和雾霾,与我们城市建设工作者和交通科技工作者有关,也与我国城市化发展模式密切相关,我们不能对其漠不关心。

雾,其实只是空气中的微小水滴、冰晶或水汽,凝结、悬浮在近地面的空气中的一种天气状态,常在夜晚和太阳喷薄欲出的清晨产生。大雾致使大地能见度降低,除此以外,雾并无他害。霾,才是危害人类身体健康,甚至危害其他生物生长的罪魁祸首。空气中如果混合有足够多的灰尘、酸类、碳氢化合物等物质的微小颗粒,才会出现霾,这时,空气就会变得浑浊、刺鼻。雾可以携带空气中的微小颗粒悬浮空中,经久不散,形成雾霾。特别是汽车和工业燃油,产生大量的废气,其中含氮化合物和碳氢化合物在太阳照射下,会发生一系列光化学反应,形成一种浅蓝色的烟雾,刺激鼻、眼和皮肤,这便是 20 世纪 40 年代,肆虐美国洛杉矶市的蓝色烟雾。霾微粒中有的化合物本身就危及人体健康,更为危险的是,霾的可吸入颗粒物表面可能附有对身体健康有害的各种病菌和病毒。足够大的微尘颗粒,会被鼻毛和鼻腔黏膜所吸附,但当量直径小于 10 微米的微粒就可能被吸入肺里,尤其是当量直径小于 2.5 微米的微粒,更容易侵入肺体和血液。环境卫生科技工作者将每立方米近地面空气中含有的当量直径小于10微米的微粒的微克量定义为PM10值,同理,将每立方米近地面空气中含有的当量直径小于2.5微米的微粒的微克量定义为PM2.5值。显然,PM10,尤其是PM2.5值,均不应该超出一定的标准。各国制定的标准并不一样,例如,针对PM2.5,美国认定24小时平均测定值小于35是安全的,而我国预计在2016年才实施的标准值是75。在2013年1月这一场大范围的雾霾天气中,河北省一些地区与北京市的PM2.5值曾高达数百,时有爆表事件发生。笼罩着我国许多城市的近地大气中的PM2.5值如此之高,高得连政府环境卫生部门都不敢正视、检测、公布这一数据。此外,雾霾和蓝色烟雾的产生,与我们的城市化发展模式和交通有什么关系呢?或者说,在城市化进程中,有什么办法可以远离雾霾和蓝色烟雾,来保护我们的美丽家园呢?

对生活在大城市的年轻朋友说起"蓝天白云""天高云淡""雨过天晴""云开雾散"这些自然现象,他们往往有些茫然。站在万里长江第一桥上,看着屹立在上游两岸高耸入云的高压输电铁塔,转身向下游望去,真的便是"孤帆远影碧空尽,唯见长江天际流"。其实我们也曾感受过风和月明、漫天星斗移,也曾体会过秋高气爽、望断南飞雁,也曾不知什么是雾霾,什么是蓝色烟雾。

细数起来,三次赴美,合起来也有三个月,虽然几乎天天蓝天白云,但也有过风雨交加,也有过乌云密布,只是还没遇到雾,我急于想在离开美国前,看看那里的雾,看看那里是否也有相似的雾霾。

2013年3月16日,在我启程回国的前一周,终于等到了弥天大雾。那是个周六,一大早佛罗里达州盖恩斯维尔市西部教堂接送留学生去参加礼拜的白色客车就按时停靠在社区路边,四周被浓雾笼罩着。我随着几位留美华人,登上基督教会的接送客车,准备去该市最大的基督教堂参加礼拜。我估计了一下大雾中的能见度为百米左右,汽车在市区的主干道上行驶,时有行人和红绿灯的干扰,但大雾中的客车行驶速度一直保持在每小时60英里,相当于每小时90公里,这很令人惊讶。十几分钟后,客车右转,驶入了快速路,或曰高速公路,浓雾依旧,车速却明显加快。又过了约20分钟,车辆驶入减速车道,下到点式立体交叉相交道路的灯控交叉口候驶,左转,进入通向城区边缘的主干道,再右转,停在盖恩斯维尔西部教堂后院，大雾依然弥漫。雾中经过一片朦朦胧胧的橡树林，林中草地上几只跳动着的松鼠好奇地停下来，目送我走向教堂前的停车广场。广场陆陆续续有各色轿车停下，从中走出的男女老少，穿戴整齐庄重，夫妻双双，或全家相伴，来参加每个周六的礼拜活动。大雾中，教堂那高高的尖顶，时隐时现。9 点整，礼拜开始，我从没见过这样欢乐又庄重的活动：唱诗、讲经、洗礼、诵经，再唱诗、布道，间或奉献。大约两个小时后，礼拜在全体大合唱中告一段落。当我走出教堂大门，眼望天空，竟是万里晴空、白云悠悠，好一派云开雾散的景象。这便是我在美国佛罗里达州所遇到的一场大雾——没有霾，没有蓝色烟雾，一场缥缥缈缈、清清新新的雾。(见图 1-6 至图 1-5)这样的雾，在我青少年时期工作居住的泌阳、商水、武汉、济南、北京、东营都曾经有过，只是如今，这样迷人的雾，大城市的年轻人再已难见了。不过也不用悲观，在我度过知天命之年后，工作生活七八年的海口市，还有这样清新的雾、蔚蓝的天、满天的星。总有一天，全中国所有的城市和乡村，还会出现这样清的雾、这样蓝的天、这样白的云、这样亮的星。只是我们要重新认识，要觉醒、要争取、要努力。

图 1-6 停靠在社区路口的白色客车

图 1-7 能见度百米左右的路面

图 1-8 浓雾笼罩的快速路

图 1-9 点式立交相交道路的灯控路口

图 1-10　雾中的西部教堂

图 1-11　礼拜仪式

图 1-12　洗礼

图 1-13　唱诗

图 1-14　布道

图 1-15　晴空下的西部教堂

2 城市和乡村

城市和乡村、工厂和原野本是一体，相依相存、共生共荣，如同和谐有机的生命体。城乡结构就像生命体的基本组织结构：无所不在的田野、山冈、湖泊和海洋是细胞液，星罗棋布的农舍、村庄是细胞质，或大或小的城镇是细胞核。细看，如同城市的细胞核也并非均质，就像包涵着的CBD和组团中心。显微镜下生命组织的支架——血液循环系统，与道路交通系统何其相似（见图2-1、图2-2）。只有将我们的国土当作有机生命体来规划和建设，她，才是和谐的、可持续发展的、健康的、有生命力的。那些恶性膨胀的城市、满目疮痍的田地山冈、千疮百孔的村庄，就是一具具待医的病体。

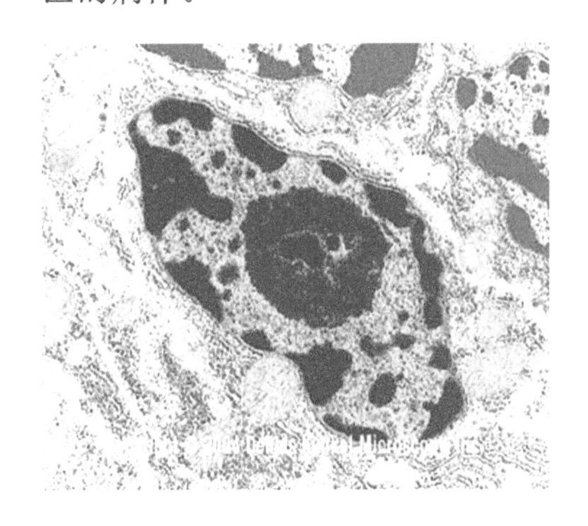

图2-1　城市和乡村组成的有机生命体

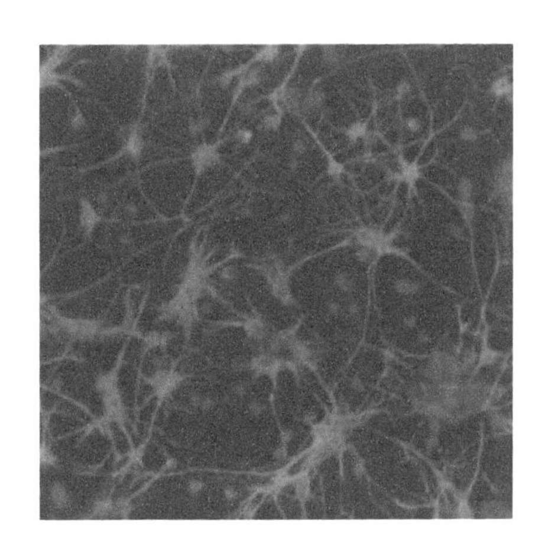

图2-2　城市和乡村的道路交通网络

2.1 城市

2.1.1 老城与新区

匪夷所思，我们竟然总是理直气壮地不断折腾着自己的城市。在我生活的武汉市,民国时期典型优秀居住社区华中里,说拆就拆;20世纪50年代,全国四大中苏友好展览馆——武汉展览馆和国家重工业龙头——武汉锅炉厂,说炸就炸;就连20世纪60年代的标志性建筑——武昌火车站,以及改革开放时期轰轰烈烈建成的汉口火车站,也在改建的名义下夷为平地;更有甚者,才建成数年的巨型江滩楼群,才通车十几年数公里长的汉阳高架桥,只听轰然一声巨响,便销声匿迹……武汉市区,在大张旗鼓的拆拆建建中,历史文化、城市记忆不断消失。在这样的城市发展思维模式下,难怪我们嘲讽似地判定欧美城市中心在"塌陷"。美国佛罗里达州盖恩斯维尔市中心到底是在"塌陷",还是在可持续发展呢?

盖恩斯维尔市的道路命名很具标志性:南北向的街道称为"道"(St),东西向的街道称为"路"(Ave),城市就坐落在一个几何坐标系上。城市中心路口是坐标原点(O点),南北向的中央大道(Main St)是纵轴(Y轴),东西向的大学路(University Ave)是横轴(X轴)。中央大道(Y轴)与大学路(X轴)将全部城市用地分在四个象限里:第一象限的道路前冠以东北(NE)字样,第二象限的道路前冠以东南(SE)字样,第三象限的道路前冠以西南(SW)字样,第四象限的道路前冠以西北(NW)字样。老城道路成方格网状,城市向外发展的过程,就是这个网格的自然生长过程。在这座城市里,人们不会迷路,即使是初来的人,也能很方便地找到目的地。例如,盖恩斯维尔市的公交换乘主枢纽位于东南3号道(SE 3th St)上,东南5号路(SE 5th Ave)之南,那么,从中央大道与学院路交叉口向东走,经过三个交叉口,向右转,再经过五个交叉口,便可看到那处车出车进的城市公共交通主枢纽站场了。

盖恩斯维尔市的历史不长,可能只有一两百年,但它的市中心似乎一直就是这样:古朴,但并不缺少现代气息;亲切,但也是车水马龙。其实,这正是这座城市的生命之根,历史文化之源,城市记忆之密码,也是这座城市可持续发展之见证。中心大道与学院路交叉口(城市原点)四周还有上百年前遗留的一层或两层的砖木建筑,临街铺面卖着衣服、首饰、书报、鲜花、水果等生活用品,但最多的还是临街餐馆、咖啡店。这个交叉口东南角有一片绿地,应该是座城市小游园,里面放置有木质靠椅,外面有不少饮食店和小商品摊点。游园外人们在静悄悄地休闲、购物、品尝美食;

游园内草地上鸽子飞起又落下，松鼠在橡树上跳跳蹦蹦。在绿地显眼位置，不高的台座上站立着一尊真人大小的人物雕像，好像是一位西部牛仔。也许，他是这座城市的一位传奇人物，就像比利时首都布鲁塞尔那世界闻名的尿童。百多年来，他一直就这样注视着盖恩斯维尔市一代又一代市民在这里购物、休闲、娱乐。

盖恩斯维尔老城也有几座现代建筑，例如文化展览馆、法院等，这些建筑都不高，都无意与这座老城的古老建筑争宠，唯有市区几座教堂和市议政厅显得非同一般，可能因为那里是表达神意和民意的地方，才格外庄重、神圣(见图 2-3 至图 2-8)。

图 2-3 老城中心游园里的牛仔雕像

图 2-4 盖恩斯维尔市中心的百年住宅

图 2-5 盖恩斯维尔市的教堂

图 2-6 盖恩斯维尔市议政厅

图 2-7 盖恩斯维尔市政府办公楼

图 2-8 盖恩斯维尔市中心的住宅

这座城市有美国佛罗里达州最著名的大学，有全美著名的科学研究机构，有佛罗里达州乃至美国东南部规模最大、医疗水平最高的大型医院和军人医院，还有大型超市、城市快速路、不断扩展的各类住宅区……。人们在建设这一系列现代化建筑物时，没有拆除老城区的旧建筑，没有通过拆迁平房建高楼来提高地价、赚取钱财、增加 GDP。因为他们敬畏文化、敬畏历史、敬畏祖先、敬畏有生命的城市(见图 2-9 至图 2-14)。

图 2-9 佛罗里达大学

图 2-10 科学研究机构

图 2-11 大型医院

图 2-12 完善的现代化市政设施

图 2-13 城市大中型超市

图 2-14 城区东部的“经济适用房”

盖恩斯维尔城市不大，历史不长，也没有什么辉煌的历史文化遗迹，其老城区能得以保存，并不靠什么保护条例，而是自然的、顺其发展的。这种历史文化的延续，不是为了展示，而是生活本身的延续。盖恩斯维尔市城区面积不到 300 平方公里，人口不到 15 万，就连管辖它的阿拉楚阿县，面积也不过 2500 多平方公里，人口不到 30 万。阿拉楚阿县的面积和人口都没有我的故乡河南省泌阳县大。泌阳县面积超过 2700 平方公里，人口近百万，单县城的人口恐怕就快要接近阿拉楚阿县总人口了。当然，无论是人民生活的美满幸福、家园的美丽、现代化程度或是历史文化遗存，泌阳县都与阿拉楚阿县相差很远。但只要按那里的道路走下去，若干年后，两地或可媲美。

像盖恩斯维尔市那样，既延续了城市老城区的历史，又确保了城市新城市的发展的例子还有许多。例如巴黎的新城拉德芳斯，其与巴黎老城区相映生辉(见图 2-15、图 2-16)。一座城市自然地、可持续地发展，何须大拆大建？据说，中国建筑界前辈梁思成先生当年是主张保存好北京老城区，而将新城区建于古城西部的。如今，人们很是后悔，北京如能采纳梁思成先生的主张，那岂非如同法国巴黎，既保护了一座历史文化古都，又发展了一座现代化新城？也有人不以为然，他们看到如今的四合院杂乱无章、破烂不堪、拥塞昏暗，嗤之以鼻地说：“这有什么保护价值？”他们哪知，今天的破败是我们自己对祖先遗产糟蹋的结果。我祖父曾有一间带着前院和后院的双四合院。我依稀记得，我们家的前院有一棵双人合抱的大枣树。秋天，红枣挂满树枝，拿长长的竹竿挥打树枝，枣儿哗哗落

图 2-15　巴黎新城拉德芳斯

图 2-16　巴黎老城区与新城区拉德芳斯隔河相望

下,满地落红,何其欢乐;冬日,白雪皑皑,在大枣树下用木棍支起竹箕,拴好麻绳,竹箕下撒上小米,躲在堂屋宽宽的屋檐下,静等飞来啄食的鸟儿。后院栽植竹、梅、海棠和高高的无花果。堂屋则是长者的卧室与书房;厢房或供晚辈居住,或当作库房。一家人生活的四合院宁静、舒适、和谐,更是中华儒家和孝悌文化传统的象征与载体。这个四合院是怎样被毁坏的呢?首先,这属于私有财产的老宅被收归国有,分给了贫下中农,或分配给了新进城的无房户居住。接着,老宅子的命运可能有两个:一是被分得一房半屋的新主人拆去了粗柱大梁、明砖清瓦,锯断了古树,砍去了竹、梅、海棠,自作他用;二是原本只住一家的院落搬进了三家五家,人丁众多,住房不够,他们在院子里搭建房子,或掀去大梁屋盖,向空中加层。原有的传统建筑面目全非,历史文化记忆荡然无存,能怪我们的祖先没有留下值得保护的历史文化遗产吗?

古人云:“悟以往之不谏,知来者之可追。”但是当今的人们却没有从根本上接受历史的教训。我年少时居住在汉口积庆里,那里就像老汉口的华中里、宁波里、大陆里、蔼仁里以及大成里、焕英里一样,是民国年间典型的中西合璧新城居住小区。积庆里虽位于闹市,却安详、和睦、洁净、通风,人们生活、居住、工作都很便利。积庆里的街面大厦就是著名的西式建筑——武汉国民政府大楼,相隔一条宽不过 5 米的文书巷,就是占据半个街区的武汉民众乐园。这里是武汉市民最大众化、最大规模的娱乐中心,其热闹景象恐怕并不亚于当年美国纽约的百老汇。里弄里住有不少名人骚客,我家隔壁就住着汉剧大师陈伯华一家。统一标准的两层楼房一字排开，道路纵横，或宽或窄，各有讲究。所有建筑都采用枣红瓦、米色墙，每个单元楼下是大客厅、书房、客房、厨房、楼上是卧室，还有阁楼亭子间与大大的露台供炎夏举家纳凉。可以想象，如果这楼房属于一家所有、一家居住，那么对于这座祖祖辈辈的家产，子孙后代必会珍惜、爱护。然而，当她归属于一个庞大无形的国家时，就可能面临为了地价增值而拆迁的命运，就如同曾经的华中里一样。也或许，就像如今的积庆里，本只适宜居住一家或两家的两层居家楼房，住进了五家、六家，楼下客厅被隔出间间暗房，天井搭建厨房，露台加盖卧室。这些楼房如今拥挤、脏乱的模样，让人爱也不是、嫌也不是，拆除也难、保护也难，成了食之无味、弃之可惜的鸡肋。

或许有人会说，这是历史原因造成的，全然不考虑自己主观价值观的丢失！那今天为什么还要大片大片地拆迁呢？难道武汉中苏展览馆真的是危房吗？难道武昌火车站、汉口火车站非得拆除不可吗？难道有百年历史的交通路、民主路、民生路、民权路、三民路、花楼街、统一街等真的不值得保护吗？不断地建了拆、拆了建的城中村以及沿三环、近郊区那些拥挤杂乱的“亲嘴”楼、“握手”楼，它们值得保护数百年吗？在不糟蹋资源、钱财，不折腾家园、城市，在保护和发扬文明、文化，珍视历史方面，我们应该树立正确的价值观。

2.1.2 扩散与聚集

大拆大建的理由其实只有一个，就是眼前的经济效益，因为建筑数量的集聚，能在短期内带来钱财的聚集。正因为如此，我们见惯了无节制扩展的城市和摊煎饼式的城市扩展，甚至习惯了因此而造成的环境污染、交通拥塞、人满为患的局面。让我们看看佛罗里达州的坦帕市，这座现代化的城市是如何处理扩散与聚集的关系，走着自己可持续发展的道路的。

坦帕的城市发展模式迥然不同于盖恩斯维尔，她具有强大的城市中心，并且向外逐渐扩散，渐次平缓。我能够清晰感受到她聚集和扩散相结合的空间发展魅力，得益于从坦帕出海，乘坐挪威黎明号邮轮往返的远游。坦帕的发展历史不过 200 年，乃佛罗里达州第三大城市，人口超过 30 万，面积近 300 平方公里，是希尔斯波罗县政府所在地。她与邻近的圣彼得堡市、清水市组成的坦帕湾城市群占地 2000 余平方公里，人口合计超过300万,在佛罗里达州是仅次于迈阿密城市群的第二大城市群。这个城市群物产丰富,拥有天然良港,经济发达。进入城市中心,高楼大厦林立,车水马龙,熙熙攘攘,一派现代城市繁华景象,置身其中,莫辨东西。登上邮轮,极目望去,停车场里五光十色的汽车满满当当,鳞次栉比的超高层建筑遮眼障目。在邮轮上的餐厅吃完晚餐,登上甲板,身倚栏杆,邮轮缓缓驶离港口,渐渐远去。再向那让人眼花缭乱的城市中心望去,只看到一片不大的楼群,建筑向四周扩散开去,高度也渐次降低,直至仅有一层或两层的住宅与商店。在这扩散开去的城市建筑群中,间或夹杂着几栋高大的楼房,可能就是城市规划教科书中讲到的城市次中心所在地。再远些,绿色的森林、原野,笼罩在晚霞之中。天暗下来,可以想象一下,森林与原野的后面,一定是连接着另一座城市的低矮建筑,几栋高楼组成的城市次中心,渐渐过渡到的多层楼房,直至超高层建筑群,即另外一座城市的市中心(见图2-17至图2-24)。

图2-17 繁华的城市中心

图2-18 邮轮远眺城市的高楼大厦

图2-19 城市中心

图2-20 城市次中心

图 2-21 海边滩涂地上的各种仓库

图 2-22 远离市区建筑材料和矿石码头

图 2-23 船坞与油库

图 2-24 黄昏中的城市景色

2.2 乡村

1969 年秋，一列火车，将北京石油学院数千名教职工、学生，连同图书、仪器、座椅、床板、锅碗、白菜……一股脑儿搬迁到了山东省东营市一片白花花的盐碱地上。那里的盐碱地几乎寸草不生，但地下石油丰富，一座石油城正在那里拔地而起。我原在石油学院的小家，也就从北京海淀区随之搬迁到了胜利油田。我清楚地记得，当时周恩来总理称赞油田的模式为“城乡结合，工农结合。有利生产，方便生活”。我认为，这就是共产主义的终极发展目标。那时，大学和油田（当时对外称“九二三厂”）各单位，都分配有上千亩的盐碱地，人们挖水库、引水压碱、种植水稻、开展“农业学大寨”，工人和教师则钻探、采油、炼油、教学、试验。油田里一家人,往往丈夫是石油工人,妻子是农场农工,过着吃、穿、住、行自给自足,不花钱的日子。我也说不清,石油大学的师生们到底是生活在城市还是生活在农村。40多年过去了,2011年当我再次回到东营市,拜谒朝思暮想的石油大学,看到的景象,却已全然不同。当年干打垒一排排的“九二三厂”厂部区,早已建起了高楼大厦,入夜,依然车水马龙、灯红酒绿,这里便是东营市的市中心。现代化建筑从这里铺展开去,到了当年华东石油学院校址,可以看到校门口挂着中国石油大学的校牌。校园里,高楼林立、绿树成荫,似乎比当年的北京石油学院还要阔气。城市崛起了,农村回归了其原本面目:农民收回了属于他们的土地,或耕种、或开发。东营市统辖着融城市与农村于一体的近8000平方公里土地,管辖着200余万人口。有资料显示,东营市的城市化率已经接近60%,高于全国平均水平。

东营市的城市化道路是典型的资源驱动型城市化发展模式,它的发展驱动力是石油。赴美访问学者赵逵教授提供给我一张清朝地图(它可能是中国最早的一份用现代经纬仪测绘的科学地图)。赵教授告诉我,如今广袤的东营大地,从西到东,直达东海之滨,曾经是黄河故道流经的大地。古黄河夹带着黄土高原的泥沙,从这里奔腾入海,泥沙冲积的古黄河三角洲不断向大海延伸,直至河道拥塞,黄河水拐道南去数百公里,再向东奔流入大海。原来,东营白花花的盐碱地下,曾经是茫茫大海,难怪沉积了如此多的海洋石油。从在东营搭起的石油钻井平台开钻那天起,这片贫瘠的农业土地便注定了要大踏步向工业用地和城市建设用地转化。祖祖辈辈务农、放牧的第一产业生产者离开土地,进入工厂、公司、机关,成为第二产业、第三产业生产者,连同他们的眷属成为了城市居民。

在我近半个世纪的工作经历中,流连辗转的最后一座城市是湖北省十堰市。这是一座名声远扬的汽车城,2013年当我向它挥手作别时,其中心城区已经居住着近百万人口。这座与东营市几乎同时崛起的城市,与东营市发展的动因完全不同,那里没有任何资源优势。

2.2.1 居住与生活

认识埃尔先生是在他的夫人朱丽叶女士为旅美华人讲解《圣经》的小型聚会上。埃尔先生与我同年，1941 年出生，退休前，他是一位建筑师、房屋建造师和房产商，年薪 20 万美金。埃尔与朱丽叶共育有一个儿子、两个女儿，如今已是儿孙满堂，一家人都在盖恩斯维尔市城区生活、工作，是典型的城市人口。他们有自己的两层楼房、后花园、游泳池、车库，还有两辆汽车。朱丽叶是一位教师，退休后热心社会活动，经常为旅美华人讲解《圣经》。他们夫妻两人除了看望儿女、孙辈们，最大的爱好就是参加教会活动，给初来美国的华人学生送些教友捐赠的家具、生活用品等。

埃尔先生有兄弟三人，小弟弟小他三四岁，喜爱养马，住在远离市区的地方。有一天，我和埃尔先生聊天时他得知我没有乘坐游艇出海过，便热情地对我说，他弟弟家有一艘游艇，可以陪我们乘游艇到海上钓鱼，我们很是感激与高兴。

几天后，埃尔先生开着他的车，带了三根钓鱼竿，还有大虾、鱼饵以及一些食品、饮料，来接我们出海。汽车开出城区，迎面尽是绿油油的原野和树林，朵朵白云散落在蔚蓝的天空。汽车从城市主干道驶向快速路，行驶不到一个小时，就驶出快速路，进入了双车道的支路，以每小时 40 英里（1 英里＝1.609 公里）的速度，又开了近一个小时，估计离市区已有上百公里了。汽车右拐，水泥路不足 6 米宽，而且弯弯曲曲，进入一片树林。绕过橡树后，眼前突然开阔，显现出大片草地，埃尔先生弟弟的家就要到了。

埃尔先生的弟弟和他的弟媳还有一条快乐地摇着尾巴的大狗，已经在他们家虚设的围栏大门口迎接我们一行。埃尔先生弟弟家远离城市中心，他们有自己的土地，可以种植牧草、养育马匹，显然，他们不在城市人口之列。他们有三个子女，都在城市有自己的家，只是偶尔回到牧场老家看望年老的父母，间或农活忙时，也来帮一把手。坚持在牧场老家居住、养马、生活的只有埃尔弟弟老两口。他们的住宅只有一层，高大宽敞，室外没有游泳池，只用木栅栏圈起一片草地，草地上几株大树投下浓荫，树荫里摆着木凳、木桌和摇椅，想必是这对老年夫妇带着他们的爱犬喝咖啡的地方。其实，说他们老并不准确，显然，他们比我和埃尔先生精神许多

(见图 2-25、图 2-26)。

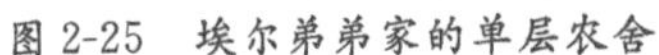

图 2-25 埃尔弟弟家的单层农舍

图 2-26 一圈木栅栏围合出的农家院落

在埃尔先生的弟弟家稍作停留,我们便驱车向大西洋海边奔去,约半个小时后到达海边小村。说是村,其实只有几十户人家。我们在一个小店买好了钓鱼票,便驱车向停放着他们家游艇的河湾驶去。我们将所带物件一一搬到游艇上,登上小艇,左拐右拐,顺着弯弯曲曲的小河,出海了。且不说海鱼钓了多少,但就沿河流,到出海口,再到大海,沿途所见苍劲的古树、成群的各色海鸟、三三两两的海钓游人,呼吸着略带咸味的空气,会突然醒悟:这就是生活,这就是天人合一的自由享受。埃尔先生和他的弟弟工作之余,出海垂钓,实属平常。在海上,我看着埃尔弟弟头戴牛仔帽,英姿飒爽地驾驶游艇乘风破浪,不由赞道:“你真像老布什总统。”埃尔弟弟笑答:“我比他胖。”是的,每个人都享有独特的尊严(见图 2-27 至图 2-34)。

图 2-27 埃尔先生的弟弟

图 2-28 海边滩涂

图 2-29　海边滩涂上的树林

图 2-30　成群的海鸟

图 2-31　偶遇岸上垂钓的老人

图 2-32　出海者

图 2-33　停靠着许多家庭游艇的小河湾

图 2-34　海边日落

2.2.2　土地和生产

埃尔弟弟家拥有两栋房屋：一栋是住宅，另一栋是库房。库房里摆放着各种农具和养马器具，外面放置着农用机械。他们的农场整齐、洁净，如同公园里的草坪，只是我没看到马匹，不知它们在哪里。倒是邻居家的养牛场,远远地就能看到放养的奶牛。去海边的路上,路过的田地里种植着不同的农作物。田地里却很少见人,都是机械在大片大片的原野上劳作。看到排列成阵的农耕机械,我想,可能农忙时,这里也有流动的专业农耕机械队伍吧(见图 2-35、图 2-36)。

图 2-35　埃尔弟弟家的仓库

图 2-36　整齐、洁净的农场

田野里的景象与中国农村的很不一样,倒是与国内的国营农场差不多,土地连片,而不是分成一块块。一眼望去,这里的土地最大的特点是整齐、洁净,没有一点脏乱,似乎每一寸土地都得到了精心的照顾,这大概得益于土地私有制这一制度。一寸寸的土地,属于农民每家每户世世代代所有,他们不能不像爱护自己的眼珠一样,去爱护自己的土地。农民能拥有数量很大的土地,得益于美国农业机械化程度和劳动生产率都很高(见图 2-37 至图 2-40)。开着机械种地的农民与开着机器工作的工人没有什么区别。实际上,实行土地流转,集中大片土地建设家庭农场,在我国农村是可以做到的,实现农业机械化也不难,难的是如何为从农业转移出来的农民,提供足够的第二产业和第三产业的工作岗位。其实,更难的是土地能否回归农民私有,否则,很难设想只拥有土地使用权的农民,会精心打点并永久保护土地的健康。土地还家,曾经极大地调动起了农民的热情,中华人民共和国的建立,甚至可以说仰仗了“土地还家”的政策。这之前,中国的土地几乎就要完成流转聚集的进程,那时的农村,土地大部分已经流转集中到了地主和富农手中,只是由于生产力低下,只能靠人力耕作,形成了贫下中农租种地主和富农土地的生产方式。这种生产方式产生了不公平，也阻碍了生产力的发展和公平、公正社会的形成。于是，剥夺地主和富农土地，分给贫下中农，就形成了一呼百应的结果。随后，互助组、合作社，走的还是土地集中耕种的道路，农民劳动的积极性高涨，只因土地所有权还在农民自己手中。只是到了人民公社时期，土地所有权收归国有或集体所有，打破了土地私有制，大锅饭的弊端显现出来，农民劳动的积极性受到挫折，农业生产受到打击，再次变革势在必行，“包产到户”才应运而生。包产到户，将土地使用权交到了农民手中，但他们有一种临时保管的感觉，所以，荒废的有之，不顾长远、只顾短期效益、榨取地力的有之。更有甚者，无序土地买卖，恶性房地产开发泛滥，土地被抛来抛去，难归其主。那么，无助的土地，谁去保育她、爱护她、珍视她、精心耕种她、给她提供可持续发展的环境呢？美国佛罗里达州的土地利用、城市化进程之路，无疑为我们提供了思考和借鉴。

图 2-37　邻家农户的养牛场

图 2-38　机械正在耕种的农田

图 2-39　农户自己的机械在包菜地里操作

图 2-40　现代化机械种植的菜地

3 商业与停车

3.1 商业

在美国佛罗里达州，超市遍布各地，但就数高速公路出入口的超市规模大，且几乎每处高速公路出入口都有大型超市。购物虽方便，但就餐却困难不小。佛罗里达州餐馆少，而且规模不大，就算地道的中餐厅，也难见呼朋唤友、满桌大碗小盘、鸡鸭鱼肉的架势。

3.1.1 超市

超市，大概就产生于像美国这样劳动力特别珍贵的国家。超市很少有营业员，一般只有出口处有收银员。超市里商品标价规范，没有了讨价还价和上当的担忧，随意取购，自由方便。

在盖恩斯维尔市，离我们租住的西南16号路住宅只有一个路口，大约三四百米处就有一个超市。这种邻近社区的超市规模不大，商品都是居家生活日常必需的，包括食品、调料和蔬菜等。超市里也有药品出售，只是购买处方药品，需要出示身份证明文件，暂住的外籍人要出示护照，当地人出示驾照就可以，售货员都要记录在案。当然，非处方药品可以自行取购，这类药品大都是些保健品。

距离我们租住地较远处，有一个较大规模的超市，商品就丰富多了。巨大的停车场停满了车辆，人群来来往往，车辆进进出出。超市营业时间很长，早9点开门，晚9点关门，营业高峰时段大约在晚饭前工薪阶层下班后。

盖恩斯维尔市最大的商业中心位于市区西南部，邻近高速公路出口，面对城市主要交通干道，交通十分方便。商业中心由多个大型超市组成，每个超市各有特点，不过货物都很丰富、齐全。这里也有一些专业商店、药店、体育用品商店、折扣店、花市等。与商业配套的银行业、保险业等各色服务业也扎堆在这里，自然，也就少不了餐饮业。

在沃尔玛、家乐福等大型超市云集的商业中心，ROSS 服装折扣超市显得很是特别。ROSS 服装折扣超市专卖服装，价廉物美，由她的名称来源——DRESS FOR LESS 就可以看出，它表达了一种“要为你穿衣省钱”的服务理念，人们称其为“品牌服装折扣店”，出售的品牌服装价格只有中国国内价格的一到两成。GOOD WILL 超市属于慈善性质的商店，它的名称也在向人们展示“善良祝愿”，商品应有尽有，但不卖食品。据说 GOOD WILL 超市的商品多是捐助的物品，但崭新的货物还是主流，可能有不少是断码的或是库存积压的吧。

佛罗里达州也有采取柜台交易的商店，它们大都较小，经营枪支、大型刀具、珠宝或是二手旧货。柜台交易商店是可以讲价的，但上下差价不大。连旧货店也卖各种枪支弹药，枪支买卖如此普遍，令人惊讶。

西去盖恩斯维尔市区大约一百公里，在一个交通干道交叉口附近，竟有一个露天与大棚相间的超级市场，蔬菜、水果、服装、手工品，甚至于农用器械、锅碗盘勺等应有尽有，好似中国乡村的集市贸易。那里的物品实用又便宜，旧货不少。人们不再使用的家具、服装，是不会丢掉的，洗洗干净，或捐给慈善机构，或送到旧货店廉价卖掉，就连不再使用的老旧瓶瓶罐罐也有摆在商店里、摊子上出售的。我想，这真是一个好风气：物尽其用。

近年来，华人留美日见其多。在盖恩斯维尔市，来佛罗里达大学留学和访问的人越来越多，拿到绿卡，甚至加入美籍者也不乏其人。于是，这座城市也有了华人商店和餐馆。重庆超市离我们租住的住宅不远，门面不大，但货物不少，日常用品虽有，但还是以食品类居多。香油、榨菜、饺子、拉面、大蒜、大葱、白菜、萝卜……据说都是从中国运来的。春节将到，老板娘告诉我们，为了能让华人吃上家乡风味的北方饺子，她准备的韭菜、茴香，腊月二十五前后就能从国内运到。至于中国土芹菜，她说，已在自家花园里引种成功，节前收来店中卖给大家。重庆超市的收银姑娘虽主要讲英语，但看到老年华人，总是笑着用汉语应答，叫人感受到一股暖暖的乡情（见图 3-1 至图 3-10）。

图 3-1　围绕着大型停车场的超市和商店

图 3-2　城市商业中心的名牌超市

图 3-3　美国 ROSS 服装折扣超市

图 3-4　出售中国商品的华人超市

图 3-5　旧货商店

图 3-6　高速公路出入口附近的超市一

图 3-7　高速公路出入口附近的超市二

图 3-8　超市中的花卉与蔬菜品种

图 3-9　竟与乐器摆在一起出售的枪支弹药

图 3-10　出售枪支的旧货店

3.1.2　餐馆

在佛罗里达外出就餐，复杂又简单。比起在中国，成排连片的餐馆在这里几乎找不到。呼朋唤友、围坐侃谈、美味佳肴满桌、交杯换盏相欢的中式美餐，一直没有见到过。曾在洛杉矶参加世界华人交通科学技术会议结束的晚宴上，吃过一次围桌大餐。每人交餐费 50 美元，会议赞助单位补贴 50 美元，采用中餐圆桌方式吃西餐，10 人一桌，1000 美元，20 余桌，厅堂满满当当。台上歌舞祝酒，台下推杯换盏，非常热闹，颇有中国氛围。只是食物全是西式的红酒香槟、龙虾鱼子、牛排火鸡、沙拉菜蔬、披萨蛋糕、水果甜点，没有中式的煎、炒、烹、炸；面前餐巾套盘、刀叉勺盏，燕尾侍者，送上撤下，一人一份，绝无剩余，全是西方绅士做派，倒也新奇。

盛夏的大西洋海滩，虽比不上青岛栈桥游客如织、人声鼎沸，倒也是人来人往、车水马龙。海边餐厅并不难寻，美女侍者穿梭其间，海鲜啤酒、泰式拌面，食客满堂，竟然一片宁静！耳听涛声，心旷神怡。遥想神州，思念无限。

在盖恩斯维尔市，我最喜欢去的餐厅位于城市南部。这是一家泰国人开的泰式风味餐厅，经营方式却是西式的。来此食客，不管同伴几位，多是每人一份，摆在面前，自饮自吃，直至盘净杯干，绝不浪费丁点。偶尔来几位华人，多点一两份煎鱼、西点，大家共享，也不见有人吃不完剩下，这良好习惯，正应了“钱是您的，愿花就花，但食物是社会的，不能浪费”的价值理念。我之所以喜爱这家餐馆，是因这里的环境实在惬意。餐馆就在平如镜面的小湖畔，绿树环湖，凉风习习。中午，俯首慢慢品尝美味佳肴，抬头仰望蓝天下悠悠白云，心舒气畅。傍晚，归鸟在林中盘旋，短吻鳄在平静的湖面上时隐时现,眼看着天幕蓝色渐暗,一抹绛红出现天边。灯火亮起,湖光闪闪,杯中美酒,却尚未饮完(见图 3-11、图 3-12)。

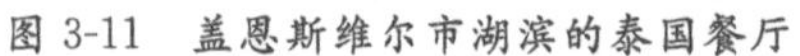
图 3-11 盖恩斯维尔市湖滨的泰国餐厅

图 3-12 盖恩斯维尔市的湖畔

盖恩斯维尔市区内,有一家华人开的自助餐厅,生意十分火爆,中晚餐时分,去晚了,还得候位。美国的许多城市都有这样的自助餐厅,但像这家一样生意兴隆的,很是少见。听说福建人精明,多有来美国开办餐馆的,一问,不但老板,连服务员也是来自福建福清。这里的食品丰富、便宜,来此就餐的华人不少,地道的美国人也不少,可见华人经营餐饮业的独到优势——价廉物美、待客热情。这家餐厅的食物多种多样,有中餐也有西餐,鸡鸭鱼肉、煎鱼沙拉、炒面米饭、披萨牛排,应有尽有。尤其诱人的是生蚝、对虾、大海蟹、三文鱼,这些在中国大陆难得一见的时令海鲜,这里一应俱全。结账单送到一看,每人 10 美元,老年人还要打折,减去 2 美元,算起来,一次自助大餐,只是这里普通工人一日工资的十分之一,非常划算。

在美国进餐,能感受到服务生周到亲切有礼貌,唯有应付小费,可能初到这里还不习惯。小费数目,一般不少于十分之一,大多食客就将所找零钱尽数留下,钱多钱少,都能听到服务生一句“谢谢”。也有的餐馆,将可付小费数目打在账单上,有多有少,任凭客人选择,直接用信用卡支付,很是方便。就餐后,忘记付小费,餐馆工作人员不会说什么,但一定会被认为不懂礼仪。美丽的萨拉索塔市,是佛罗里达半岛西部一座历史文化名城,游览起来,令人流连忘返,夕阳西下,方在热闹的夜市饮食街找到一家临街餐厅坐下。一行数人,每人一份,各点自己所爱,水果甜点,餐后共享，倒也酒足饭饱。更有漂亮的服务小姐，端盘子送菜，笑容满面，还时不时说一句汉语"谢谢"，讨教我们对与不对。原来都是年轻人付费，这次乘酒兴，仗年长，抢着买单。服务小姐托盘送回找头，放在桌上，我竟统统拿回装进钱袋，同行也没有注意到我这不懂规矩的举动。待我们走出店门，看到服务小姐一脸惊讶无辜的表情，我许久不知为何。直到次日，突然想起，那姑娘一定感到惊讶，我为什么要取走托盘中应付的小费，是否不满意她的服务。遗憾和尴尬已不可挽回，但我一直记得这姑娘送酒送菜时温柔美丽的笑容，也忘不了站在店门口，她那惊讶无辜的表情(见图 3-13、图 3-14)。

在美国就餐，也有不需付小费的地方，那是在快餐店里。这样的饮食店往往不大，在柜台上付费，取用汉堡、面包、咖啡、牛奶和饮料。在城区，不远处就会有一家现已遍布各地的肯德基或麦当劳连锁店，多是与汽车加油站相伴。

图 3-13　萨拉索塔的黄昏

图 3-14　圣·奥古斯丁的街边餐馆

3.1.3　价格

在美国消费，不能老是想着将美元折算成人民币，否则会舍不得花钱。例如，去吃自助餐，一个人得支付 10 美元，折算成人民币是 60 多元，加上小费，得 70 多元人民币，差不多是一天的工资，似乎太贵。但是，在武汉红房子吃自助餐，一个人也得 100 元人民币，而且餐盘上的海鲜，量没有这里的大，品种也没有这里的丰盛。况且，10 美元也不过是佛罗里达工人一个小时的工资而已。

美国的餐馆，看起来远没有中国的餐馆密集，美国人大约并不习惯时不时拖家带口、呼朋唤友去到餐馆撮一顿，他们还是习惯在家里自做自吃。在美国朋友家住了几天，对他们的家庭饮食风格，很快就习惯了。例如，喝凉水要加冰，一开始，总不习惯，而且不相信自来水符合卫生饮用条件，这是在国内养成的观念。但是来这里，只能入乡随俗。旅馆里冰块、自来水从不缺少，但是没有开水，欧洲各地也是这样。不过，喝着喝着，竟也习惯了，凉水加冰，口感还真有不同的美妙之处。又例如，在家做饭做菜，美国人不像我们，得忍受油烟，他们做饭简单得多。主食是现成的面包、蛋糕，蔬菜买来就是洁净的，水龙头下冲冲，切一切，拌上沙拉酱就是色味俱佳的一盘菜。牛肉灌肠，打开包装就可以入口，即使大虾螃蟹，也就开水中焯焯就上盘。在夏威夷，受夏威夷大学卡洛斯教授邀请，去他家做客。大大的餐桌上摆满了各色美味佳肴，每人一个大盘自己取食物，一个杯子自己倒饮料，或坐或站，边聊边吃。这样丰盛的家宴，并不见主妇在厨房动火，炸炒蒸煮，跑进跑出，而是或打开包装直接装盘，或放进烤箱，定时取出，一一摆在餐桌上由客人自取。在盖恩斯维尔暂住期间，正赶上春节，除夕晚上的年饭，是在佛罗里达大学建筑规划学院彭教授家中享用的。这顿传统意义上的中国年饭，如同在夏威夷大学卡洛斯教授家的晚餐，从形式到内容，都完全一样。一位是华人美国教授，一位是希腊人美国教授，定居在美国，也都入乡随俗了。连我们一家三口，来美暂居，在家里一日三餐，除了包过两次饺子，烧过一次东坡肘子，也尽量远离油烟。

居家生活，食是第一位的，正所谓“民以食为天”，食品蔬菜，米面油盐，必不可少。超市去多了，食品价格也有了一些有趣的感受。综合比较，佛罗里达州的食品价格水平比起武汉市的大致要贵两倍左右，蔬菜类价格要更高些，肉、蛋、鱼类价格相平，海鲜、冻鸡价格要低不少。买菜次数多了，遇到在这里常住的华人，他会告诉你一些省钱的诀窍。超市里的蔬菜水果、鸡鸭鱼肉，保鲜期要求严格，每到临近下市，总会降价，并且，越近保鲜期末，降价越多，我就遇见一只冻鸡只标价 2 美元的。也还有其他的降价方式，例如买一送一，买一袋苹果，实实在在要再送一袋苹果。在超市买肉类蔬菜食品还要注意，不要只看标价，还要注意计量单位。不同的食品可能有的以公斤计量，有的以磅计量，有的甚至是以包、袋或份计量的。了解了常去的超市的降价规律，精打细算，生活费用可以节省不少（见图 3-15 至图 3-22）。

图 3-15 青菜

图 3-16 块根类蔬菜

图 3-17 红酒、饮料

图 3-18 鱼肉

图 3-19 牛奶

图 3-20 冻鸡

图 3-21 对虾

图 3-22 鸡蛋

很多到美国旅游的朋友，喜欢大包小包地购买名牌服装，是有道理的，因为的确比在国内便宜不少。至于高档化妆品、品牌皮包，更是便宜。在ROSS服装折扣超市，只花几十美元，就能买到皮尔·卡丹(Pierre Cardin)、卡尔文·克莱恩(Calvin Klein)、李(Lee)等品牌的服装。百姓日常所需衣物，一般超市的标价，也就是一二十美元一件。要想买到更为便宜的服装，到GOOD WILL超市是个好主意，在那里，几美元就能买到一件称心如意的衣服。GOOD WILL超市的商品除了服装，居家用品也很齐全，可能属于捐助性质的，所以相当便宜。其实，捐助的物品并不一定是旧货，也有属于积压物品，都是崭新的。这类出售捐助物品的商店还有不少，盖恩斯维尔市中心就有一家书店，几乎不要钱，但购书者得捐出自己不需要的书籍，才能买别人捐来的书籍。富裕的美国人，竟这样珍惜东西，实在叫人感慨。中国城里的孩子，从小到大，得给他们买多少衣服、玩具。长大了，衣服小了，玩具不要了，在以前，留给弟弟妹妹，现在都是独生子女，不是都丢掉了？从幼儿园、小学、中学到大学的教科书和辅导教材，每学期几十本，用过以后，就当废纸卖掉了。在美国，中小学生上学是不买教科书的，书就放到教室里，上届用过下届用，这种珍惜财产的观念，非常值得我们学习(见图3-23至图3-28)。

图3-23　美国超市的服装

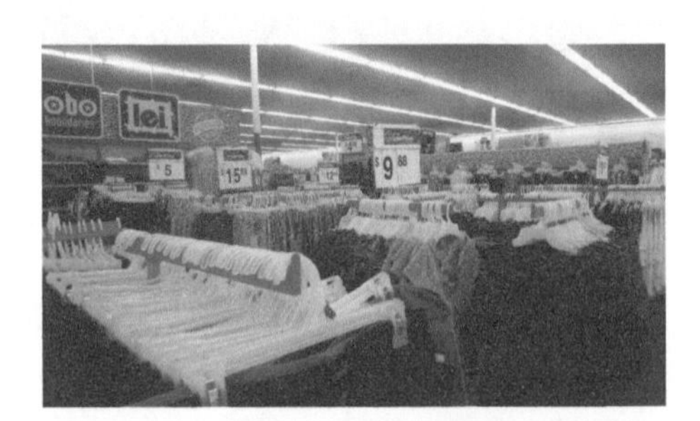

图3-24　女士衣物

图3-25　ROSS服装折扣超市的服装

图3-26　旧货店的衣物

图 3-27 大型服装超市的衣物

图 3-28 美国日常购物的票据

由我保留的账单可以大致算出，在美国，“食”的综合价格是武汉市的两倍多，“衣”的综合价格倒比武汉便宜不少。从我接触到的美国朋友那里了解到，同类工作相比，他们的工资待遇大致相当于咱们的八到十倍。实际看来，中美两国真正的所谓中产阶级，在各自的国家生活，水平相差不是太大，差别大的是社会底层群体——产业工人、农民。看来，我们改革的重点，应是如何提高工人、农民的收入水平，完善公平合理的医疗、教育、养老等社会保障制度。

3.2 停车

说完了“衣”“食”，再谈谈“行”。谈“行”，就要谈慢行交通、汽车交通、轨道交通、航空交通，甚至管道运输和网络物流，但本节谈的是“停车”，而且只是汽车停车，关于其他“行”的交通，留待后谈。专业上将交通分为“静态交通”与“动态交通”两类，停车，就是最重要的静态交通。停车的重要性是不言而喻的。一辆汽车，它停靠的时间远远大于它行驶的时间，停与行是相伴相随的，出行的两端，即起点和终点必然是停靠点。只有供车辆畅行的道路，没有供车辆停靠的站场，无法完成任何一次出行任务。中国在改革开放前并不重视停车问题，因为那时机动车很少，随处可以停靠，所以在城市里面，建设标准停车设施一直被忽视。直到城市停车严重影响到了车辆运行和城市市容、环境时，人们才猛然醒悟过来，其实，已经太晚了，以至于在许多城市，解决停车问题远比解决堵车问题更为困难。

3.2.1 停车场库

交通专业上习惯将停车场地分为社会停车场、专用停车场和配建停车场三类。社会停车场,或曰公用停车场,一般规模较大,多位于不同交通方式互相转换之处以及大量交通集散处,如机场、码头、火车站、地铁始末站以及公园、体育场馆、剧院处。这些交通聚散地,没有足够规模的停车场地是断然不可的。专用停车场是指拥有大量车辆的企业、单位和部门自己必应配置的停车场地。物流货运公司、客运公司、公共交通公司都是最重要的专用停车场需求者;拥有较多车辆的单位和部门,如各级政府机关、高等学校的汽车队等,也都需要专用停车场。其实,几乎所有的建筑物之间,都会有来往的车辆,针对来往车辆的停车要求,需配备足够的停车位。实际上,进入 21 世纪初以来,中国内地各个城市都已经感受到了停车带来的压力,意识到必须尽快制定自己的建筑物配建停车位指标,但法定指标数往往过小,且执行很不得力,甚至已建的车位和大量的地下配建车库被挤占挪作他用。

从某种意义上说,所有的停车位都可以归于配建停车位之列。建设一个住宅小区需要足够的停车位;建设一座商场需要足够的停车位;开通几条公交线路,增加上百辆公交车,组建一个车队,需要配建足够的停车位;在主城区边沿修建地铁起点站,在近郊区建设一所主题公园,也同样需要配建足够的停车位。

当下,中国城市停车难的解决思路不外乎五种:一是坚定地推行"一车一位制",二是严格执行配建停车位指标,三是坚决恢复地下车库停车功能,四是努力建设标准停车位,五是制定软性停车策略。

"一车一位制"是基础。无论是个人、单位或企业,只要有一辆汽车,就必须为它配备一个标准停车位。政令一出,各地区各显神通,也许,应运催生出停车产业,未必不是好事;严格执行配建停车位指标实为有效的亡羊补牢措施。如果说过去人们没有意识到停车问题的严重性,那么如今,上至市长,下到市民,没有不感受到停车难的。严格执行停车配建指标的做法,深得人心,唯一的障碍是目光短浅的开发商。但只要告诉他们,商场如果没有足够的停车位,顾客是无法来商场消费的,因为交通警察是不会容许随意停车的。如此一来,精明的商人是有办法建设停车场的。恢复地下车库的停车功能难度似乎要大些,目前它们大多被改建为形形色色的餐馆、商场、仓库。若要恢复停车,必须停业或重建,影响不小,必得下大力气,一个一个解决,方可见效。停车挖潜的路子很多,无外乎在地下、地上和地面动脑筋:地下,可在可能的绿地、广场、车站下面挖潜和建设停车位;地上,可建多层车库、机械立体车库;地面,可定时定位施划路面停车位等。软性停车策略包括收取高额停车费、划定禁停街区等(见图 3-29 至图 3-36)。

图 3-29 充足的停车场

图 3-30 超市前超大的停车场

图 3-31 坐轮椅者停车位

图 3-32 地下车库

图 3-33　大城市架空停车位

图 3-34　纽约老城区的街头停车位

图 3-35　老城区的机械化架空停车设施

图 3-36　城市老城区的空中和地下停车空间

在美国的许多城市和乡间，凡是停车场，无论大小，其中必有专为坐轮椅者设置的停车位，而且一定设在最方便的位置，也较一般的车位宽。这样的停车位只供持有特别停车证的坐轮椅者和老年人使用。其他人不会将车停在这里，这不仅是因为被发现违规就会收到 300 美元的高额罚款，更主要的是一种公德共识。

一座城市所需要的标准停车位总量与其汽车拥有量 N 成正比，大致应是汽车拥有量的 1.5～2.0 倍，也与这座城市的规模有关。除去专用停车场之外的停车总量：$Q=N(1+r)$。式中 r 值等于这座城市的汽车出行率 p 和出行平均次数 m 的乘积与车位平均周转次数 c 之比，即 $r=pm/c$。

3.2.2　配建车位

在美国佛罗里达州，从东走到西，从南走到北，无论走到哪里，最先映入眼帘的一定是停车场。佛罗里达大学位于盖恩斯维尔市，盖恩斯维尔市属阿拉楚阿县管辖，县政府所在地，人口仅十几万，大约占全县人口的三分之一，但这里有一个民用飞机场。机场很小，只能起降小型客机。走出机场，迎面就可以见到一个庞大的停车场，还有一路公共汽车线路，停靠站紧贴出站口。航班不多，公交车上去就有座位，大型停车场内车位充足，车进车出，井井有条。坦帕市在佛罗里达半岛西部，是一座交通繁忙的海港城市，码头一派繁忙景象。从这里乘邮轮出海远游，不啻是一个诱人的选择。邮轮无论出海或是返航，码头上总是人头攒动，接送游客的大小客车来来往往，并不见拥堵。仔细观察就会发现，这种繁忙交通下的有序，完全得益于码头前几个分隔得当的停车场。停车场就像有着宽阔水面的湖泊，容纳涌入的车流，并有条不紊地分流出它们，这让繁忙的人们倒显出一丝悠闲(见图 3-37、图 3-38)。盖恩斯维尔市政府办公所在地位于老城区中心，这里建筑密度大，民居密集，商业繁华。市政府办公楼是一座巴洛克式建筑，其上空飘扬着星条旗，建筑物不大，虽然看起来还比较气派，但也有些年岁了。仅这座古老的市政府建筑，显然满足不了作为县政府的现代办公需求，所以在它的旁边加建了一排平房，一扇扇外开的大门，人进人出，络绎不绝。在这座古老的建筑和平房的侧面，分隔出两块停车场地，一处供来此上班的公务员停车，一处供来此办事的市民停车，两处停车场地各司其职，井水不犯河水(见图 3-39、图 3-40)。

图 3-37 坦帕港口的邮轮

图 3-38 夏日海滩的停车场

图 3-39 盖恩斯维尔市政府办公地的停车场

图 3-40 市政府办公楼的停车场旁边加盖的平房

佛罗里达大学在盖恩斯维尔市占据半壁江山,大学里建筑物随处可见。在这里,人们能感受到,一所大学是怎样成就一座城市的,就如同英国牛津大学之于牛津市,剑桥大学之于剑桥市。这也是一所没有名牌的名牌大学,它的所有建筑物都与这座城市融为一体。沿着车流如织的西南 13 号大道,从西南 16 号路口向北走去,经过一座绛红色的波形下承式人行天桥,车行一两分钟,便到了博物馆路,路口两边各有一块不大的落地石墙,上书"佛罗里达大学"。石墙后面绿草盈盈,橡树挺拔,围合着的竟是校园停车场,停车场内整齐地停放着各色轿车和摩托车。驱车左转,再行驶不过一分钟,右侧看得到一片大学生排球场,球场旁边矗立着一栋四层停车楼,路边标示,这是佛罗里达大学的四号车库。再向西驶约二三百米,左侧是一大一小两个停车场,约五百个标准停车位上,整齐排列的车辆满满当当。我不知道,在大学的建筑物旁一共有多少停车库和停车场,但我没有看到一辆违章停靠的汽车,也没有发现多少空闲的停车位,这里的停车规划相当合理。教学楼前的停车位并不多,车位前立着许可停靠的说明,表明这是给教授们提供的停车位。学生宿舍旁、教学楼、实验楼旁,也都有划线的摩托车、自行车停车场,只是学生是不能驾驶汽车来上课的,所以学校停车场地一般没有供学生停车的车位(见图 3-41 至图 3-46)。

图 3-41 盖恩斯维尔市博物馆前的停车场

图 3-42 楼地面倾斜的独特停车库

图 3-43 地下停车库出入口

图 3-44 大学生们的摩托车停车场

图 3-45 只供教授们停靠的停车位

图 3-46 临街道的停车场

盖恩斯维尔市最大的公共交通枢纽位于老城区东部，看来也是有些年岁的市政设施了，当然，设计得相当科学。全市将近半数公交线路的车辆从这里发出，高峰时段，车辆进出有如流水，但却井然有序。在这个设计独到的公交枢纽站，单独设置的各线路发车位呈锯齿形，只容一辆公交车停靠。高峰时，一辆车刚发出，下一辆很快就驶进上客区，很显然，这里的智能化调度水平很高。那么,上百辆待命的公共汽车停在哪里呢?抬头向东望去,相隔一条马路,掩映的绿树背后,高大同色的公交车成排地停靠在那里,这就是这座城市最大的公交停车场。在这座城市,只能看到在路上行驶的和在停靠站上下乘客的公交车,看不到多辆公交车扎堆停在路边的现象。一般情况下,公交首末站都可能停靠有一辆公交车候客。线路短的,车辆可能只在末站调头,并不长时停留,如同环形线路一般调度(见图 3-47、图 3-48)。

图 3-47　盖恩斯维尔市最大的公交枢纽站

图 3-48　盖恩斯维尔市西部基督教堂后面的停车场

从某种意义上说,所有的停车位都可以归于配建停车位之列,只有经营性的收费停车场例外。社会停车场不应该收费,配建停车场也不应该收费,路边停车场收费不应该过高,它们都应是以提供服务方便为主。经营性的停车库、停车场,包括某些单位或建筑物挖潜,分出部分停车位供给社会停车,是应该受到鼓励的,尤其是在停车困难的老城区。

3.2.3　商场停车

在美国,像纽约、拉斯维加斯这样的大城市的商业街区,人声鼎沸,车如流水,车都停在地下车库或停车楼,地面停车场很少见。佛罗里达州幅员辽阔,城市都不大,高楼林立的城市中心区范围很小,城市建设用地相当宽裕,一般市中心高层、超高层建筑下面才建有地下车库,地面停车很普遍。中心城区的停车收费相当高,尤其是路边停车,有的地方 1 小时可能要收 10 美元。

盖恩斯维尔市居民不过十三四万,城市建设用地近百平方公里,建筑密度很小,容积率很低,大量民居都掩映在绿树丛中,环境质量极佳,称得上是美国的宜居城市。居民居住分散，人口密度很小，但购物相当方便。小型饮食店就像加油站一样，到处都是，而且它们往往相聚一处。这些小型的商店、旧货店、饮食店门前，也一定有一个停车场，停车场中也一定特设有一两个专供老年人和坐轮椅者使用的停车位。

市区里，稍大些的超市多位于交通干道交叉口附近，交通十分方便，停车场占地面积很大，停车位也很宽裕。更大的超市布置在高速公路出入口附近，那里周边往往没有其他太多的建筑物，只有加油站或者汽车旅店。在这里，停车场一定是最引人瞩目的，它可能比那些商业建筑占地面积还要大。

商业街区超市林立，间或有大型餐馆、银行、保险、咨询这些服务机构。这些建筑物围合起来的，可以称为停车街区。数千个停车位被道路分隔成若干个停车场，停车场车辆出出进进、秩序井然。停车街区的交通组织比较讲究，交通标志标线清晰、完善，停车位大都垂直布置，通道宽敞，进出口分开设置。停车街区路口，设置停车候驶标志，车辆进出遵章礼貌，尤其对过往行人，几乎都能微笑礼让，实在令初来乍到的人很感慨。

仔细观察就会发现，商场前大大小小的停车场，多数时候看起来都停满了车辆，但是无论何时去停车，都会有空着的车位。有些车辆似乎停靠时间较长，想必这些商场的配建停车场，有时也是可以作为公共停车场来供人免费使用的。海滨游览地的停车位比较紧张，但也够用，所以一般见不到乱停车的现象，更看不到停车影响行车的现象。有些场所也采取经济手段来调节停车，例如在中心区域停车收费高些，愈向外，收费愈低，以鼓励人们疏散停车。

停车场规划设计车位数预测是一门学问，讲究科学，但其出发点应以满足需求为主，而不是限制需求，于是，需要有停车需求预测模型。停车模型采用非集计交通模型，以个人、家庭为研究对象进行调查和分析，避免“笼统”引起的误差。如果忽视城市和商业规模，不顾及当地社会经济发展水平，盲目采用一个固定的指标来规划配置停车位，势必会造成失误。在与佛罗里达大学的教授和学生们的交流中得知，在这里，不但交通工程专业讲究模型，而且规划专业，甚至建筑学专业，也都讲究数理模型，大家都以预测准确、满足人的需求为目标，此所谓“以人为本”（见图 3-49

至图 3-54)。

图 3-49　小商店前面的停车场

图 3-50　邻近高速公路出入口的大型超市的停车场

图 3-51　多个停车场组成的一个停车区

图 3-52　停车场里的车辆

图 3-53　停车场设置

图 3-54　临街小店前收费相对较高的路边停车位

3.2.4　家庭停车

第二次世界大战前后，不少美国城市在城市中心区建造了一批批高层甚至超高层公寓楼、住宅楼，安排不断涌入城市的新市民。基于市区建设用地紧张，也由于预计不足，这些居住用房的停车位很少。随着市民收入的增加和汽车工业的发展，拥有私家汽车的美国家庭越来越多，在居家处停车也越来越困难。由于美国一直实行私有制，土地、房屋归私人所有，拆除重建，谈何容易？收入渐高的白领阶层和中产阶级相继搬出拥挤的城区，住进城市边缘，进而，住进城郊独门独户的低层住宅，享受住别墅的生活。留在这些早期建造的高层、超高层公寓式和单元式住宅里的市民，无论住房属于自有或者租住，他们大多可归于城市贫困人口。这里的住户也可能有了自己的一辆私家车，但只能停靠在其后集中建设的公用停车场或车库里。20 世纪 50 年代以后为工薪阶层建造的住宅区，开始注意到集中住宅配建停车场的建设，基本能做到每户都有自己的停车位。这些以工薪阶层为对象的单元式住宅一般位于老城区或其周边，居住在这里的人们上下班方便，生活也便利些。这里的住户大多数是租户，他们期望经济条件好起来之后，再去城市边缘或近郊购买自己的永久性产权房。

美国中产阶级的家庭越来越多，占据美国家庭的绝大多数，他们大多拥有两辆以上的私家汽车，不大可能继续蜗居于高层，甚至多层单元式住宅中，而是相继搬进独门独户的单层或双层住宅里。这种与别墅无太大区别的住宅，最大的特点是都带有车库，车库一般都会有两个以上的停车位。更为富裕的美国家庭，选择购买离城区更远，但环境更为美好的林间、山间或水边的别墅式住宅，他们的交通方式已经完全离不开私家小汽车了。但是，这些高级别墅式住宅的车库，其停车位也都不会超过三个。这些别墅环境宁静、幽美、宜人，大多情况下，还都附有较大的私家后花园和家庭游泳池。

美国顶级富人家庭，一般住在自己豪华的私家住宅里。这类豪宅拥有属于自己的前院和后院，前院单独建造的车库里停放着主人家的多辆豪华私家车，院子里的露天停车位则是供来访宾客的坐骑停靠的。

生活在城市贫困线下的美国穷人，靠政府和社会补贴救助，居住在条件较差的社区里，社区不可能为每家每户配备停车位，而往往在道路两旁分散设置少量停车位，供大家使用。美国从事农林牧业的农牧民家庭人口,占美国总人口不到10%,也就是说各地的城市化率都在90%以上,不到10%的人口居住在广阔的乡间。他们同样有富有贫,但相同的一点是离不开汽车,没有哪个家庭没有汽车,当然,除了轿车,他们还有货车,还有生产机械,这些车都需要停车位。在美国佛罗里达州,“村村通公路”已成为过去,“户户通公路”才是必不可少的,因为那里每家每户都离不开汽车(见图3-55至图3-60)。

图3-55 市区一些私家老住宅的车库

图3-56 新建的贫民住宅区的路旁停车位

图3-57 小区单元式住宅的停车位

图3-58 工薪阶层居住的住宅小区停车场

图3-59 较大的住宅区内部配置的停车场

图3-60 中产阶级居住的别墅式住宅的车库

实行“一车一位”，在美国福罗里达州是不言而喻的事，没有人会质疑。尤其在城区，一辆车一定有一个相对固定的标准停车位。车辆出行，到达目的地，也是必须停靠在标准停车位上的。乱停在没有标准划线处的车辆，被发现后就可能被拖车拖走，并面临高额罚款。没有老人或坐轮椅者停车资格的车辆，停在了他们专用的停车位上，那也是要面临高额罚款的。这样挂着轮椅标志的停车位，在所有的停车场中一定位于最便利的位置处。

3.2.5 路边停车

在佛罗里达州一些城市的老城区，路边停车还是很普遍的。城市老城区，往日在规划建设时，对停车考虑不足，那里房子私有，拆除老建筑相当不易，新建高层建筑、扩建地下停车库、修建公用停车场都很困难。随着城市居民机动化水平的提高，私家车拥有量大幅增加，停车需求难以得到满足，路边停车便是必然的了。但是，在新建的城市道路上，绝少见到路边停车的现象，市区外的道路，更是不能路边违章停车的，可见，路边停车只是弥补老城区停车位不足的一种不得已的措施，不应引申为一种停车理念。路边停车的地区，通常是沿街商铺，餐馆一家紧接一家，顾客购物、就餐无处停车，就近停在路边，当然方便。在这类似商业街的道路旁边停车，商家欢迎顾客在店门口停靠，但大多数时候是要收取停车费的，有时，收取的费用还特别高。路边停车更多的是在交通量明显不大的支路上，这些道路路面宽度往往有十几米，就交通流量而言，双向两车道已经足够，有的时候，还通过交通组织，实行单向通行，施划出单侧，甚至双侧停车带都是可能的。佛罗里达半岛海岸线很长，也很漂亮，但也并非全部海岸都是沙滩。半岛沿海岸规划得非常具有特色，特别一组组“岛链”，为沿海居民提供了极佳的居住生活环境。但岛链并没有完全连续，将海岸线封闭起来，而是留出了大量的海滩向公众开放。这些开放的海岸，往往拥有洁白的沙滩、平缓的坡岸、平静的海水，形成绝好的海滩度假区。这些度假海滩一段一段，除了一些商业集中的海边小镇外地游客很多、游乐设施齐备、停车场到处都是以外，大量开放性的海滩只是当地居民的休闲公园。平缓、洁白的沙滩上摆着一些躺椅，人们悠闲地在沙滩上沿着蜿蜓流动的海岸线散步、嬉戏。搭载他们的汽车就停在海滩外的路边上。海边的道路特意被加宽出一条停车带,这样停车便不会影响沿海道路上奔驰的车辆。目所能及的路边停车处,几乎都有规范的画线,绝少见到乱停车的现象,偶尔看到画有停车位,而没有车辆停靠的路边停车带,那可能是定时限停的路边停车区。路边限时停车也是一项缓解停车紧张的办法,在日间和夜间交通量相差比较大的道路上,如果两边居住区停车紧张,夜间车辆稀少,画线标示夜间限时停车,不失为一种可行的办法。

路边停车采取什么样的停靠方式,应该仔细分析道路路面宽度,在保障道路车辆安全通行的情况下,施划出尽可能宽的路面作为停车带。如果可以施划出的停车带宽度不超过 3.0 米,那就只有采取平行停靠方式,停车位长度不小于 7.0 米,统一前进停车、前进发车,十分方便。斜放式停靠一般可随着停车带宽度可能增加的幅度,加大停放车辆车身与道路的夹角,从 30°、45°、60°,直至 90°,成为垂直式停靠。垂直式停靠的停车带划线宽度为 5.5 米左右(见图 3-61、图 3-62)。

图 3-61　路边停车

图 3-62　老城区的路边停车

无论斜放式停车或是垂直式停车,在佛罗里达州大多采取一致的前进停车、后退发车。这种停发车方式,停车时安全方便,倒退发车时,司机一定得扭头后看,以保障安全,不允许只看后视镜倒车,这一点在考驾照时,考官是很在意的。

路边停车处只允许停靠小轿车,不允许停靠货车,因此,沿街商铺进货就只能在夜间完成。路边停车带一般都比较长,占满路段。但也有例外,如我们能看到交叉路口附近、个别特殊建筑旁边、公交车中间停靠站后面等地方,特别加宽出一段路面,形成停车带,停放少数几辆汽车。

佛罗里达州也提倡非机动车出行,很多道路上,甚至还专门施划有自行车道，但车道上自行车并不多，大多是大学生或中学生使用。因此，除了在学校邻近教室的道路旁边有自行车停车带外，在市区道路旁很少能见到像韩国、日本那样，在人行道上专门施划出的自行车停车带。在佛罗里达州很难见到电动车，但这里允许一种排量小的摩托车与自行车一起停靠。这种摩托车虽有牌照，但骑行者不一定要拥有机动车驾驶证，也可不戴头盔，甚至也可在自行车道上行驶，因为它的最高行驶速度，在出厂时就已经定在了每小时60英里以内，这个速度在美国摩托车中算是极低的。

路边停车在美国大城市老城区相当普遍，似乎是解决老城区停车位不足的有效手段，但其布局与管理确实十分讲究，可以总结为“五定”。首先是“定点”，停车地点一定是定在动态交通不太繁忙的支路上，或沿街铺面相连的商业老街；其二是“定位”，停车位划线标准规范，车车在位，井井有条；其三是“定时”，商业区的停车位定时长，不允许停车超过两个小时，甚至一个小时，支路上停车往往定时段，譬如，定时从晚八点到早八点，只供夜间停车；其四是“定费”，路边停车位属公共停车位，收费不高，一元两元而已，但限定停车时长，超过规定时长，罚款是很重的，可能数十美元；最后是“定查”，城区路边停车监督检查很严格，专人定点定时检查，对违规者处罚也很重，罚得人心疼。特别想指出的是，老城区路边停车规划布局划区划片，方便用户，也考虑到错时停放，方便清扫街道。

停车，虽然也是交通工程学研究的内容，我们将它放到静态交通范畴内，但真正意义上的交通，还应是“行”，即所谓的动态交通。行，才是交通的目的。行，或曰交通，指的是人或物在两点之间有目的的移动过程。人们的生产和生活离不开“行”。那么实现这种“移动”的载体，便是交通工程学划分交通方式的依据。据此，我们将交通划分为水运交通、铁道交通、航空交通、道路交通，分别对应着运用船舶在水体（江、河、湖、海、水库等）中运行，运用列车在轨道上运行，运用飞机在天空中运行以及运用汽车（有时也包括非机动车）在道路上运行。其实，交通方式还应包括另外两种：一是管道运输，二是网络通信，只是前者运送的对象是物，后者传输的对象是信息，并不是如同前述四种交通方式一样，可以单独或一起运送人和物。本书叙述只涉及前述四种交通方式，并且详细说到的只是其中的一种——道路交通方式。

4 道路与交通

4.1 道路

人们说,20 世纪美国的经济是在汽车轮子上发展起来的,这不无道理。尤其是高速公路网的建成,给美国工农业生产,商业贸易和人民生活带来了巨大的活力。改革开放以后,中国也有一句俗话:“要想富,先修路。”这句话也说明了交通对提高国民经济和人民生活水平的重要性。与中国不同的是,美国的道路交通几乎一枝独秀。当然,在美国佛罗里达州航空运输和远洋海洋运输也是相当发达的,但与广大人民工作和生活关系密不可分的,还是道路交通,人们几乎离不开汽车轮子。正因为如此,在佛罗里达半岛上,各个级别道路组成的路网密密麻麻,在道路上行驶的车辆井井有条,很少出现像在北京、武汉,甚至纽约那样的车辆拥堵现象。

4.1.1 道路分类

我国习惯将道路分为“公路”和“城市道路”,两者分属不同部门规划与建设,设计它们所遵循的技术规范和规定,也由国家两个不同的部门——交通部和建设部分别制定、颁布和管辖。这看起来很荒谬,汽车轮子下的道路,它的规划设计科学技术原理还有什么不一样吗?在美国佛罗里达州你看不到这种人为设置的壁障。这种壁障有时会似乎“合法”地带来令人啼笑皆非的折腾,武汉市三环线汉口段 2013 年的“扩容改造”工程就是一个这样的例子。大约十年前,武汉市决定要建设三环线快速路,但需要交通部门投资建设与规划设计,于是当时依据交通部发布的《公路工程技术标准》(JTG B01—2003),按高速公路设计。三环线设置有标准的车行道、分隔带、应急停车带,但没有设置供城市非高速车辆行驶的辅道。如今,竣工没几年,三环线汉口段和汉阳段出现了交通拥堵现象,市政府想取消应急停车带，增加一条车道，要为这样的折腾寻找依据，便想到了由建设部发布的《城市快速路设计规程》(CJJ 129—2009)，于是由城市规划建设部门出资，花费数十亿，定下这项工程。虽然前后矛盾，但是只要换换管理部门和技术规定，就能自圆其说，前后都有理。这在佛罗里达州是不可想象的，因为佛罗里达州所有的道路规划设计都需遵守统一的技术规定，不可能自己打自己的嘴巴。

佛罗里达州的道路名称繁多，有不收费的国道、州道、旅游高速公路，有收费的高速公路，有城区街道，等等。但它们的设计标准只有一个，都遵循统一的道路纵横断面、平面线形、交叉口设计技术指南。设计时只需按照它们的功能特点，拟定道路等级，给出设计车速即可。我们也无需去区分城市道路或乡村道路，汽车能在道路上安全、迅速、畅通地行驶，是统一的要求。

道路命名的目的有两个：一是出于历史文化方面的考量，二是便于寻找。美国历史较短，在那里，更多考量的是道路命名的寻找功能。最方便易行、持久普适、科学通用地完成寻找功能的命名方法是坐标法和方位法。美国的远程道路，如高速公路、国道和州道，采取方位法命名，而城区道路则多采取坐标法命名。我在佛罗里达州阿拉楚阿县盖恩斯维尔市暂住的地址是西南 16 号大道(SW 16th Ave)。盖恩斯维尔市街道的名称非常便于识别和寻找：以南北走向的花园大道(Garden St)和东西走向的大学路(University Ave)为轴线，以它们相交组成的坐标系为准，位于第一象限的街道都冠以东北(NE)，位于第二象限的街道则都冠以东南(SE)，位于第三象限的街道都冠以西南(SW)，位于第四象限的街道都冠以西北(NW)。以离纵横轴线道路由近到远从一号编起，南北向为路(St)，东西向为道(Ave)，例如我们暂住的西南 16 号大道(SW 16th Ave)就是位于第三象限，从西大学路(W University Ave)向南数起的第 16 条的一条东西向大路。

这种城市街道名号编制系统显然十分便于定位和寻找，也便于数字化处理，很科学。可能在美国，一座城市建设之初就是这样编号命名的，但在中国推广却有一定的难度。其实，以数字化编号命名的例子在我国也是有过的，例如在汉口老租界，垂直于长江的几条路就分别从上游到下游排列,依次为一元路、二曜路、三阳路、四维路、五福路、六合路等。济南市西圩子壕以西,胶济铁路以南,依次排列着东西走向的经一路、经二路、经三路……直到经十路,以及南北走向的纬一路、纬二路、纬三路……直到纬十二路。我当年在济南工作时,还曾很奇怪:为什么济南的经路东西走向,纬路南北走向,正好与地球的经纬方向相反呢?也许当年定道路编号命名时,是按照测量经纬仪的规则制定的。

中国城市历史悠久,道路命名讲究传统文化,如武汉的武胜路、吉庆街等,也讲究历史,如中山大道、解放大道等,还有讲究包涵地名,如南京路、山东路等,基本不考虑数字化,不讲究明确定位、方便找寻与科学管理。能不能有两全其美的办法呢?我想还是有的。如可否称某某路为“西南二十八条某某路”,而其数字化编号为:NW 28th St 呢?讲究政治历史命名道路,有时不能持久,如民国时期汉口的中山大道和中正大道,前者纪念孙中山,后者纪念蒋中正。中华人民共和国成立,中正大道只好改名为解放大道。中国远程市区外的公路,其命名习惯用公路两端连接城市名拼接,如武黄公路是连接武汉市与黄石市的道路。但这样的命名实际上是不科学的,一条公路,后来向两端延长了,按照这样的方法命名,那不是要改名了?有时也有些尴尬,1996 年,我到山西省出差,正好赶上山西省第一条高速公路通车典礼,全省喜气洋洋,庆祝这条从太原通到旧关的高速公路,但按照惯例,它被命名为“太(原)旧(关)高速公路”。你看,新修了一条高速公路就旧了,而且还“太旧”!因此,以数字编码给道路命名还是应该提倡。比如,称国道几号路(G)和省道几号路(S)就要好多了。

道路是可以分等级来进行研究的。就道路等级而言,我们可以将佛罗里达州所有的道路分为高速路、快速路、主干路、次干路、支路五级,当然,其中的每一个等级又可以再细分出 2～4 个低一级层次。

高速路提供汽车在其上高速度行驶的平面线形、横断面线形、纵断面线形以及各种安全和管理设施的保障条件,是高速连接跨区、市、县、州,甚至跨国出行起讫点的最高等级道路。高速公路的设计车速大于每小时 60 英里,有时可以定为每小时 90 英里,甚至每小时 100 英里,但管理车速大都限制在 90 英里以内。高速路不但对中央分隔带、紧急停车带、交通标志标线的要求高，而且对必备的防撞护栏要求也高。高速路一般不会少于双向六车道，双向八车道、十车道也是常见的。在一些具有双向六车道以上的高速路上，不但行车右侧设有紧急停车带，而且行车左侧也可能设置有紧急停车带或“共乘车道”。共乘车道只允许载有两人以上乘客的小汽车行驶(在美国，单人驾驶乘坐小汽车的比例高达90%以上，这自然广受诟病)，有时也可以应急停车，也可以供应急车辆(救护、消防、警务)优先高速通行(见图4-1、图4-2)。

图4-1　高速路平纵横线

图4-2　高速路出口

快速路提供汽车在其上快速行驶的平面线形、横断面线形、纵断面线形以及各种安全和管理设施的保障条件，是快速连接市区间出行起讫点的高等级道路。快速公路的设计车速一般大于每小时60英里，管理车速则大都限制在每小时40～60英里之间。快速路设置中央分隔带，紧急停车带，有完善的交通标志标线和必备的防撞护栏。快速路横断面一般设置双向四车道或六车道，在城区以外地段往往有平行道路相随在它的两侧；而在城区建筑密集区域，快速路的快速车行道则往往单独高架在道路之上，有时也可能采取路堑方式下沉于道路路面标高之下。无论高架或下沉，目的只有一个，就是尽量避免需要频繁出入道路的车辆的干扰，但是，在一条快速路的个别交叉口处，允许设置减速的环形交叉，甚至设置红绿灯控制交通。必须指出，一条快速路的不同路段，限速管理可以随着它两侧建筑物的性质和密度而变化，如道路两侧空旷，限速可以是每小时60英里，随着建筑密度的增加，限速可以减低为每小时50英里，甚至每小时40英里(见图4-3、图4-4)。

图 4-3　快速路

图 4-4　高架或下沉的快速路

主干路提供汽车在其上较快行驶的平面线形、横断面线形、纵断面线形各项保障条件，是直接、方便连接市区内主要出行起讫点的连通道路，往往可以直接与快速路或高速路相连接。主干路的设计车速一般定为每小时 60 英里左右，管理车速则大都限制在每小时 40～50 英里之间。佛罗里达州主干路大都设置有中央分隔带，但在穿越老城区时，由于道路用地条件的限制，有些没有设置中央分隔带，而是用双黄线严格分隔对向车流。主干路有完善的交通标志标线，大多数平面交叉口采取自适应式色灯控制管理，一般通过次干路连通支路。主干路横断面一般为双向四车道或六车道，有时还设自行车道(见图 4-5 至图 4-8)。

图 4-5　设置中央分隔带的主干路

图 4-6　右侧施划自行车专用道的主干路

图 4-7　主干路连通各区交通源

图 4-8　主干路限速一般为每小时 40～50 英里

次干路提供汽车在其上中速行驶的平面线形、横断面线形、纵断面线形各项保障条件，是直接、方便连通市区内出行起讫点和支路的主要连通道路，往往可以通过主干路与快速路或高速路相连接。次干路的设计车速一般定为每小时 60 英里以下，管理车速则大都限制在每小时 30～50 英里之间。佛罗里达州次干路大都设置有实黄线分隔对向车流，其上也有完善的交通标志标线，大多数与主干路相交的平面交叉口采取自适应式色灯控制管理，而与支路相交时，则常常采取支路停车让行的管理措施。一般情况下，次干路横断面设置双向四车道，允许自行车与机动车混行（见图 4-9 至图 4-14）。

图 4-9　以黄线分隔对向车流的次干路

图 4-10　次干路设色灯控制

图 4-11　次干路限速一般为每小时 30～40 英里

图 4-12　次干路上设置公交车停靠站

图 4-13　次干路上的停车候驶

图 4-14　次干路通达支路

支路是通达每家每户的道路，相当于人体中的微血管，通达人体的每一个部位。支路线形设置比较随意，不求速度快，而求方便、通达。支路设计车速不会超过每小时 40 英里，管理限速可能低到每小时 20～25 英里。支路横断面一般布置为两车道，最多设置三车道，也有仅设置单车道的，车行道施划车道线，但并不设严格的中线，且允许自行车在车道内通行(见图 4-15 至图 4-18)。

图 4-15　支路限速一般为每小时 20～30 英里

图 4-16　支路通达每家每户

图 4-17 几乎所有支路交叉口都设置停车候驶标志

图 4-18 郊外的支路确保通达农家

4.1.2 道路系统比较

高速路、快速路、主干路、次干路与支路纵横交错，构成了完善的佛罗里达州道路网络系统，为全州居民生产和生活提供快速、便捷、安全、通达的道路交通服务。如果将美国的道路交通系统与英国的道路交通系统相比较，就会发现它们各有特点。美国道路系统层次分明、完善、密集，追求快速、安全，交通设施规范、普及。主、次干路系统交叉口大都采取自适应式色灯控制；支路交叉口交通量不大，大都采取停车让行、自行管理措施；快速路和高速路系统技术标准高、设施齐全。特别是中央分隔带、紧急停车带、防撞护栏、交通指示标志、警告标志、指路标志的设置标准高，系统性、科学性强。快速路和高速路管理严格，违章现象极少，连行车变道现象也很少见，车流稳定，所以虽然交通量大，但快速、畅通，安全。快速路和高速路的所有交叉口几乎全部采取高等级完全互通式立体交叉，而且立交转向大都采取大半径定向匝道，只在极个别交通量相当小的快速路路段的个别交叉口，采用灯控或环交形式(见图4-19、图 4-20)。

英国道路系统也许更人性化些，更注重多模式交通方式选择的自主、安全与协调。在英国道路上驾车行驶，难得遇到一座复杂的大型定向立体交叉，甚至大型的叶式立交也很少见到。无论是平面交叉口还是立体交叉口，很多都采取环形交叉口形式。大大小小的环形交叉口，遍布英国的大、中、小城市城区或原野乡村。英国人将环形交叉口运用得出神入化，快速路和高速路上各色环形立体交叉，主干路、次干路，甚至支路上的

图 4-19　美国道路网络系统

图 4-20　美国城区道路系统分级明确

环形交叉口，半径大的数十米，小的仅数米，形状可以是圆环，也可以是椭圆环、长圆环，均适地而建。汽车在道路上快速行驶，遇转向，则微转方向盘，减速前进，进入主路，再缓缓加速，节奏舒缓，绅士风度十足(见图4-21至图 4-24)。

图 4-21　英国凯恩斯道路系统

图 4-22　英国高速路和快速路上的环形立体交叉口

图 4-23　英国的小型环形交叉口

图 4-24　英国大大小小的环形立交或环形平面交叉口

4.1.3 道路中央分隔带

自20世纪50年代，我国的道路设计技术人员，大多接受苏联的道路规划设计科技系统和理念教育，都已熟悉了一幅路和三幅路式的道路横断面形式，但却对道路中央分隔带很不以为然。那时，国内机动车数量少，道路交通量不大，车速也不高，相反，非机动车交通比较重要。因此，一般道路采取一幅路形式，机动车与非机动车混行就能满足交通要求。对于交通量特别大的城市主干道，则常常采取三幅路形式，分开机动车与非机动车交通。改革开放以后，国内才开始建设高速公路。出于高速行驶车辆交通安全和畅通考虑，技术人员开始学习日本和西方发达国家道路规划建设的技术和经验，在以高速公路为代表的汽车专用路中，广泛采用了中央分隔带，但是在城市道路和普通公路上鲜见运用中央隔离带的。

观察研究美国道路，就会发现，中央分隔带运用十分广泛而多样。佛罗里达州高速路和快速路中央分隔带自然流畅，宽度随地形和地势多有变化，不拘一格。有的高速路车道较多时，中央分隔带两侧甚至设有共乘车道或应急停车道，有时，横断面车道数达到十条以上时，更有设置三条路中分隔带的。显然，这对于车辆行驶的快速、流畅、安全保障十分必要，应引起我们极大的重视。

如今我国通常只在高速公路、城市快速路上设置中央分隔带。其实，改革开放以前，我国许多通过城区的公路路段，也常常设有中央分隔带，用以保障交通的畅通和安全。但这些中央分隔带，在扩宽马路运动中绝大多数都被拆除，真是非常遗憾！

中央分隔带在保障行车有序、畅通、快速和安全方面的作用无疑是重要的。尤其在将安全视为交通第一要点的现代汽车交通理念下，中央分隔带必不可少。快速行驶的车辆，发生交通安全事故最严重的情况是对向碰撞，其结果大都车毁人亡。而避免对向碰撞最有效的措施就是在道路横断面的中间部位，设置足够宽的中央分隔带，有时还应设置防撞护栏。为什么在美国，汽车在一般干路上的行驶速度都能超过每小时60英里，其重要原因就是设有中央分隔带。在美国，没有设中央分隔带的道路，车速限制是极严格的(见图4-25至图4-30)。

图 4-25　高速公路和快速路的中央分隔带

图 4-26　中央分隔带上的防护栏杆

图 4-27　老城区里的主干道路一般用双黄线隔开对向车流

图 4-28　老城区外的次干路一定会设置中央分隔带

图 4-29　佛罗里达大学内的道路也设中央分隔带

图 4-30　大学里面的道路也设中央分隔带或双黄线

美国城市的空间布局和结构与中国大陆很不一样，相比而言，其最大的不同在于美国城市“铺的开”，用地面积指标高，贯彻与自然融合的方针不遗余力。只有在大城市、特大城市，当其中心城区范围十分有限时，才能见到连片高容积率的超高层建筑区。离开了建筑密度大、容积率高的中心城区，全城向外铺开，渐远渐融入乡村和自然。佛罗里达大学所在的盖恩斯维尔市城市人口不过十三四万，但其城市建设区面积超过一百平方公里，几乎是中国大陆人均建设用地的十倍。测算起来，美国佛罗里达州道路网密度并不比中国东部大，城市的道路面积率也并不比中国城市高，美国人口远少于中国，但其机动车保有量却远大于中国，且其交通状况大大好于中国，究其原因，就在于其城市发展模式与我国目前实施的理念大相径庭。我常说，交通问题主要并不是交通规划与建设本身产生的，而是由城乡规划与建设产生的，所以，解决交通问题也必须从城乡规划与建设上动脑筋，而不是我们惯常用到的"就交通论交通"。我这个观点，规划管理和设计部门的朋友们有不同看法，以为我不理解城市规划，偏袒交通，包括偏袒公安交通管理。其实是误解，我对规划可以说是情有独钟，要知道，我的本科专业就是"城乡规划与建设"，我认为自己最得心应手的职务就是"城市规划设计研究分院法人代表、院长"，我不但在20世纪60年代主持参与了规划与建筑设计技术工作，而且在20世纪80年代末首任武汉城市建设学院海南规划设计研究分院院长期间，接触并实施了一系列规划新理念、新技术，并在其后领悟到"超常规规划""超常规发展"以及"经营城市"给城市化可持续发展带来的致命危害。从我早年参与主持海南省儋州市总体规划，作为市政府城市规划委员会专家委员多次参与评审的海口市各阶段城市规划，直到我主持湖北省十堰市综合交通体系规划等诸多城市规划工作的实践中，大量城市超常规发展、超强度建设和奉命金钱权势规划的现实令人震动不已。随便拿来一座城市完整的控制性详细规划和它实际建筑总量研究一下，会惊讶地发现，它的规划或现状建筑总量所能容纳的人口总量，大大地超过了合理的环境容量。城市规模越大、级别越高，这种现象越严重。这种超合理容积率规划、超强度开发建设、超密度人口聚集、超环境友好容量，一定是非可持续发展的。这种现象形成的原因其实很清楚，那就是利益驱动。超高强度开发，使得开发商利润激增；超大规模建设，使得规划、设计与施工，包括建设单位收益和利益扩大；超常规发展与建设，使得城市的GDP大幅提升，政府财政收入增加，政绩显著，大家何乐而不为？唯独受到致命伤害的是城市化进程的可持续发展遭到破坏，导致城市环境污染、交通拥堵、资源耗竭，最终走上不归之路。

中央分隔带,除了分隔对向车流、组织安全、快速交通之外,还有什么作用呢?

无论是在城区还是在郊区、乡村,道路两旁难免会有一些建筑物,甚至有些小的支路通达街区建筑物。倘若一条路段两端交叉口距离很长,在中央分隔带一边行驶的车辆要到对面的街区和建筑,就可能绕道很远,甚为不便。这时,将中央分隔带适当压缩、断开,设置足够长的候驶车道和导向岛,问题就得到了解决。这种交通渠化组织停车候驶转向和调头的方法,在美国运用得十分广泛,窃以为世界各国都是可以学习的。20 年前,我在海南省海口市江东新区(当时属于琼山市管辖)提倡这种断开中央分隔带,靠候驶车道与导向岛组织车辆转向和调头的道路工程措施,与时任建设局长的学生一同划线施工的道路至今使用良好,并成功地在海口市龙昆路等主干路实施运用至今,效果显著。在佛罗里达州城市内外,这样的无信号灯、利用中央分隔带断开组织转向和调头交通的工程技术比比皆是。既有硬质铺装,也有铺草坪、种植低矮灌木的,有的还在断开端头种植一棵高杆乔木,作为警示,相当醒目,景观上也丰富了立面效果。说到道路景观,观察美国佛罗里达州的道路现状,会有这样的感受:道路景观服从交通,而交通有序、畅通与安全本身就是道路上最动人的动态景观。我在这里,绝少见到为景观而设置的景观,如像在国内,设置在路口形形色色的大型雕塑,彩绘在路两侧高坡上的图案,种植在道路分隔带中那些龙飞凤舞、花花绿绿的杂色乔灌木,甚至密植的参天名贵树木。这些景观设置,分散了驾驶员的注意力,对交通其实是有弊的。设置这些景观耗费的资金,为什么不用来设置一些科学的交通标志标线与管理设施呢?在佛罗里达州道路上高速、流畅地驾车行驶时,看着与地形地貌融合的绿色分隔带缓缓舒展开去,会感到非常愉悦。而愉悦,正是美的根本所在,是道路景观追求的终极目标。我们为什么非要耗费资源、舍本逐末呢?中国偌大一片国土,各地气候和自然条件相差甚远,经济发展水平又不一样,一个道路绿化规范指标竟统管全国,其中又存在基本无视交通诱导和交通警示的情况,实在不可思议。佛罗里达州道路景观不单单体现在分隔绿化带的流畅、自由、自然和服务于交通功能上,也体现在道路两边融入自然、融入周边环境的绿化、标志、告示。尤其是隔声墙,各具特色的道路隔声墙,将车水马龙的流动景致与居民或动物们生活的区域隔离开来,温暖人心(见图 4-31 至图 4-36)。

图 4-31 老城区以外的主干路都设置有中央分隔带

图 4-32 交通繁忙的干路上的中央分隔带在必要的地方断开

图 4-33 中央分隔带压缩出一段调头转向候驶车道

图 4-34 中央分隔带的绿化设置

图 4-35 道路两侧自然、精致的绿化种植

图 4-36 主干路上的中央分隔带

近20年来,在灯控交叉口的进口增加车道数,用以提高交叉口的通行能力,已经被我国普遍接受。增加进口车道数的方法有很多,如拓宽出右转车道、压缩车道宽度等,而其中利用压缩中央分隔带,形成左转车道是最为方便的一种,这种做法在美国佛罗里达州的道路交叉口处随处可见。即使在老城区,道路红线宽度狭窄,交叉口间距很短时,也有用划线方式施划出弓形中间带,形成连续的进口道添加车道,用以科学组织车流,效果相当显著。当道路两边的支路和建筑物必要的车辆进出口密集时,足够宽的道路中央分隔带又可划线形成“蓄车带”,供进出车辆停车候驶(见图4-37至图4-40)。

图4-37　中央分隔带一

图4-38　中央分隔带二

图4-39　老城区干道上用划线方法隔出的中央分隔带

图4-40　中央分隔带划线形成的蓄车道

理论研究和实践观测都证明了利用中央分隔带组织转向和调头交通的合理性与可行性。干道与支路,一般都采取灯控管理措施,红绿灯的相位配时组织起来的车流是间断流,拥有足够多的穿越空档,学术上称为

“开档”。利用“开档”,合理组织转向和调头交通,给人们带来了极大的方便,也减少了车辆的绕行距离,减少了路段上无效的交通量。即使在采用主路优先,或次路让行管理方式的道路上,这种可利用的“开档”也是足够多的。这种情况下,主路上的车流属于随机流,可能服从泊松分布或二项分布,它们的“开档”数量和可供穿越的车辆数也都是可以计算、统计出来的。

4.1.4 交叉口

从严格意义上讲,道路上的所有交通节点都可称为道路交叉口,其中以道路与道路相交叉的节点最为重要。从微观上看,一个道路节点是孤立的;从中观上看,一条道路上若干道路节点构成一个统一的系列;从宏观上看,在由若干条道路构架起来的道路网络中,所有道路节点是组合在一个有机关联的系统中的。因此,现代道路交叉口规划、设计、管理理念,应该跳出针对单个交叉口,而去研究一条道路上一系列交叉口,进而研究一个路网中的交叉口系统。美国佛罗里达州道路网密度相对较大,而且越靠近城市中心,路网密度越大。可以说,一座城市,其道路网空间结构形态决定着城市整体空间结构形态。而道路网空间结构形态的形成,离不开伴随着这座城市发展的历史和文化(包含科学)。中国历史文化悠久,早在战国时代就制定了城市和城市道路空间结构的规则。《周礼·考工记》曰:“匠人营国,方九里,旁三门。国中九经九纬,经涂九轨,左祖右社,前朝后市”。还于“经涂九轨”之外,写到“环涂七轨”和“野涂五轨”,规定了环城道路和城外道路的空间尺度。上述数字,三、五、七、九,全为奇数,体现了王权居中的封建文化理念(请注意,文化并不依附有“先进”与“落后”属性)。国(即城)中的纵向道路(经涂)与横向道路(纬涂)都是九轨,可容双向八列马车通行,其中间轨道,想必是国君专用车道,威严其中。当时的规矩,并没有顾及道路交叉口,要知道,国君通行时,两边是要“肃立”的,以确保统治者的车队不停前进,相当于今日所谓的“绿波交通”。

欧洲,如英国,其历史文化虽然同样悠久,但那里较早经历了崇尚民主、自由的文化运动和工业革命,同时,尊重私有制,城市空间格局延续发展,形成自由、看似不规则的路网空间结构,也因此,不规则的道路交叉口、三岔路口、五路相交比比皆是。对于多路相交的畸形路口,欧洲人想出了一种交通组织方法——在路中心设置圆形绿化小岛,进入交叉口的车辆,统统按一个方向绕圆岛行驶,自由、流畅。道路网络中行驶的车辆,在路段上速度较快,但到了环形交叉口,就不得不减速慢行,这恰好符合欧洲人,尤其是英国人,推崇缓紧相间、快慢结合、节奏和谐的绅士风度文化传统。如此说来,在英国可以随处看到大大小小的平面和立体环形道路交叉口,就不难理解了。

美国的城市空间格局奠定之初,欧洲已经经历了文艺复兴和工业革命,数学、几何学、测量学以及机械美学都已渐趋成熟。欧洲人移民美洲带来了当时世界最先进的科学文化(我想强调的是,科学与文化密不可分,是为一体),所以美国城市的道路网空间结构是理性的、科学的、可持续发展的。美国所有城市的道路网空间结构基本上都是方格网式的,但并非正方网格,而是长方网格——城市发展主导方向和主要交通流向大都与方格路网的长向相吻合。严格的方格网式道路空间结构,造就了几乎所有的道路交叉口都是简单的正交十字路口。但道路的横断面却按照交通量的需求,划分出了不同的等级——主、次、支。只有在特大城市,有时为了减少对角线方向远点交通的绕行距离,才设置斜向道路,形成了一些六路相交的多角交叉口。由于斜向道路要求交通连续、快速,故而往往采取高架路或立体交叉口工程措施,这样一来,地面平面交叉的车流仍是规则的、相对简单的。平面交叉口运用现代计算机技术、检测技术、控制技术、系统工程科学进行管理是极为有效的,而在美国,这样的自动化控制技术发展迅速,最为先进。

印度北部城市昌迪加尔的道路网络与交叉口规划设计与建设,融合了中国、英国和美国城市道路网络与交叉口的特色,实在是城市规划与建设的奇迹。主持这座城市规划设计的是 20 世纪赫赫有名的法国建筑师科比西埃,但这个规划设计小组的成员,大多数来自美国。当时,印度现代化建设的诸多理念脱离不开绅士风范的英国,碰巧,刚刚独立的印度仍带有东方中央集权主义的传统,其代表人物尼赫鲁正如日中天,独霸政坛。于是,昌迪加尔的城市结构奇迹便应运而生。昌迪加尔城市道路网络是严格意义上的方格网式，但并非照搬中国正方格式，而是长方格式，其短边与长边之比接近科学美学之黄金比例。尤为值得称道的是，这同样的长方网格，可以重复母体的构图原理，永续发展地延伸开去。构成这个发展的道路网络的那些相互垂直、平行的道路宽度并不一样，它们可以分为主、次干路。干路相交叉形成的交叉口，全部采用环形交叉形式，其中心岛直径从数米到数十米，大小不一，却又形状相同。城区里不见一座立交桥，而密度远大于干路密度的支路，竟也没有一条是直通和贯通的，但彼此之间却是相互连通的。昌迪加尔神奇的道路网络和交叉口系统结构，成全了这座城市的空间结构，铸成了这座城市和谐的社会结构与生活结构。这一切，出自于一批年轻的建筑师、艺术家，一批具有人文关怀和哲学头脑的科学技术工作者，这不能不说是对我国现代道路规划设计工作者的警示和启发（见图 4-41、图 4-42）。

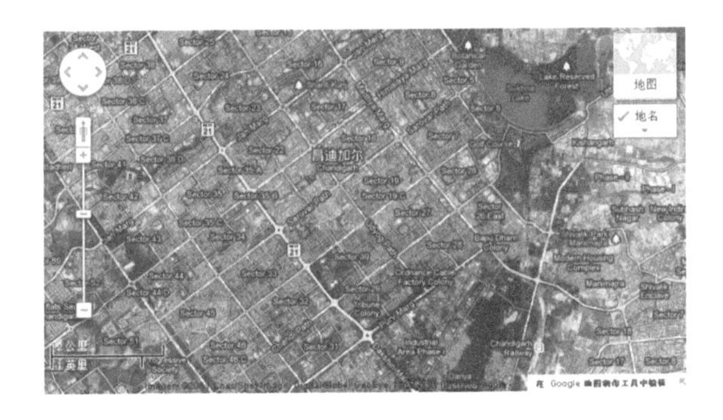

图 4-41　印度昌迪加尔市的城市干道网

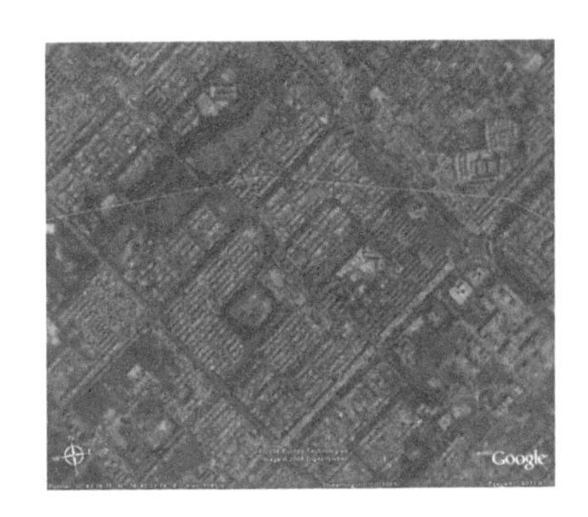

图 4-42　昌迪加尔街坊母体单元及周边环形交叉口

全面考察美国佛罗里达州道路交叉口，可以将其划分为立体交叉口和平面交叉口两大类。佛罗里达州没有像纽约、北京以及武汉那样人口密集的巨型城市，在中心城区几乎见不到结构复杂、占地面积大的大型道路立体交叉口。但城区边缘和城区外的高速公路和快速路上的交叉口，几乎全是大型多层的立体交叉口。而在中心城区内，则鲜见设有立体交叉口，尤其是大型立交，即使是高架路，也多是设置密集的上下匝道（见图 4-43 至图 4-46）。

图 4-43　美国城区外道路

图 4-44　菱形多层定向立体交叉口

图 4-45　美国道路立体交叉口

图 4-46　传统的部分互通苜蓿叶式立体交叉口

美国道路立体交叉口也可以划分为互通式立体交叉口和分离式立体交叉口两大类。互通式立体交叉口靠左右转匝道实现相交道路之间完全互通,部分互通式立体交叉口则只是一部分左右转交通靠专用匝道完成,其他的左右转交通或者靠限行,或者靠平面交叉口组织通行。比较而言,部分互通式立体交叉口较为少见,但"点式立交"的立体交叉口倒是十分盛行。

在美国,左右转匝道的转弯半径通常很大,形成菱形立体交叉口,正因为如此,建筑高度很大,立交层数也多,三层、四层,甚至五层的立体交叉桥比比皆是。与美国很不一样,英国的道路立体交叉口绝大多数采取环形立体交叉口,建筑高度不大,层数往往只有两层,连三层的环形立体交叉口也不多见。这种差别无关乎谁对谁错,更不能用哪个先进哪个落后来评价,而是文化传统使然。让以追求效益为最大目标的美国人,像崇尚悠闲绅士风度的英国人那样接受快速开车到达交叉口时减速行驶,再绕环道优雅地转向，这显然很困难。当然，在美国，部分互通式立体交叉口，甚至分离式立体交叉口并不是没有，只是少见而已。

“分离式立交”，在美国应用得相当普遍。这很令人费解：美国人花钱大手大脚，怎么会钟情于这种低档的分离式立交呢？仔细看看，就会心服于美国道路交通工程师们的精打细算和实用主义。其实这种交叉口是很科学、实用的，称它为“分离式立交”其实不妥，因为在这种交叉口中，是允许所有的转向交通通行的，只不过转向交通通行时都需要通过灯控或让行候驶来组织交通，所以，我给这类交叉口起了个名字——带平面交叉的立体交叉，并将其归于完全互通式立交之列。当高速公路或城市快速路与带有红绿灯控制的干道或是支路相交叉时，采取这种“带平面交叉的立体交叉”不但省钱，而且实用，对交通安全也有益。这种交叉口只设两对出入口，从干道或支路进入高速或快速路的车辆以及高速行驶的车辆驶出高速或快速路时，都需要经过高速路或快速路两侧的平交路口实现转向，在这里，驾驶者也调整了心态，警觉起来或从紧张的高速行驶状态中平静下来(见图 4-47、图 4-48)。

图 4-47　带灯控平面交叉口的立体交叉口

图 4-48　采用色灯管理的点式立交出口

平面交叉口数量较多，对它们的规划、设计与管理绝不应忽视，即使在经济实力强大的美国也是一样。这不仅涉及投资问题，而且在普遍情况下，平面交叉口最为实用、方便、经济(见图 4-49 至图 4-54)。

佛罗里达州平面交叉口大多采取色灯控制的管理方式，只有在个别支路上才会采取自行控制的管理方式。前者一般都设置有交通流自动检测器，借以组织自适应式或联动控制系统，包括绿波交通模式；后者一般都设置停车候驶标志,组织停车让行或主路优先,管理车流交通。佛罗里达州有些地方也采取环形平面交叉口,然而比起在英国,或者在欧洲其他地方,就少多了,但却更为精致。无论采取什么形式、什么管理方式的平面交叉口,都设有明显的过街斑马线,车辆稍多一点的道路上,也都设置有行人过街色灯按钮。过街行人按下行人过街按钮的信息需要输入路边的自动化交通控制器,控制器将会按照连同输入的行人以及各交通流向实时的交通流量信息进行智能运算,给出最优化的实时灯控配时方案输出实施。当然,过街行人会享受到一定的优先权,不会等太长时间。

色灯控制的平面交叉口在美国比比皆是,无论城市或是乡村,无论大城市或是小市镇。这种路口的标志和标线清晰、完整,过街行人享有优先通过权。只要用地条件许可,色灯控制的平面交叉口必定设置交通岛,用来分隔不同流向的交通流,组织机动车交通,为过街行人提供安全。新建的干道大多为两块板横断面形式,设置有中央分隔带,方便在交叉口的进口处,向左拓宽出一条专用左转车道,这一条拓宽出的专用左转车道设置得十分必要,它可以避免直行车辆误入左转车道而影响左转车转向行驶。佛罗里达州色灯控制的平面交叉口处的车辆检测器大都采取线圈感应式,新设检测器的交叉口进口道处常留有明显的安装痕迹。遍布交叉口和路段的车辆检测器记录下来的交通流向和流量资料,不但是进行道路交通预测、道路交通规划、道路设计、交通工程设计、灯控配时设计的依据,而且为交叉口管理采取自适应模式提供定量依据。正是由于灯控交叉口自适应模式的普遍应用,我们在佛罗里达州的灯控交叉口处绝少看到车流量为零的流向显示绿灯,而排队候驶的流向却显示红灯的情况。至于若干色灯控制的平面交叉口的联动组织绿波带,则只能在城市中心区才能看到,那里的交叉口间距不大,而且大致相等,这是组织双向绿波交通的必要条件。当然,在交叉口间距不等的路段上,组织潮汐式的单向绿波交通也是可能的。组织绿波交通还需要一个条件,那就是车速稳定、候驶车辆启动迅速,这在美国很容易做到,过街行人遵守交通规则,给候驶车辆迅速启动提供了条件,而机动车驾驶者的遵章守法更为严格,在街道上绝少看到超车、变道和超速的车辆(见图 4-49 至图 4-54)。

图 4-49　色灯控制的平面交叉口

图 4-50　设置有行人过街按钮的灯控路口

图 4-51　拉斯维加斯最大的灯控十字平面交叉口

图 4-52　偏僻大荒漠的道路平面交叉口

图 4-53　埋设有线圈式车辆监测器的灯控路口

图 4-54　佛罗里达的城市中心区方格式路网

佛罗里达州的平面环形交叉口不多，不像在英国，随处可见，但佛罗里达州的平面环形交叉口很精致。美国的环形交叉口设计理念完全不同于前苏联的环形交叉口设计理念。在中国大陆，环形交叉口曾经遍布全国各地,且一律采取前苏联设计环形交叉口的交织段设计原理。这种设计理念有几条原则:一是车流按交叉口设计车速连续通过;二是环道设置三条,一条右转,一条交织,一条绕环;三是环岛半径取决于交织车道的交织段长度,而交织段长度取决于交织车速。采用这种设计理念,是由于为了保障交叉口的通行能力满足设计交通量的需求,就需要有足够大的车辆交织车速,于是就要求交织环道的交织段必须有足够的长度,这就决定了环形交叉口的环道半径必须足够大。环道半径越大,环道交织段长度越大,交织车速越大,交叉口通行能力越强。因此,我国环形交叉口的环岛半径一般都在35米以上,交叉口占地面积虽然很大,但其通过量仍然有限,路口交通量超过标准车当量数每小时3000～4000时往往难以转得开。近年来,我国学习欧洲对环形交叉口的管理经验,在交通量大的环形交叉口设置红绿灯,当交通量大于连续通过条件下的通行能力时,变为色灯控制环形交叉口。如果再通过增加进口车道数,实施左转超前两相位科学配时,通行能力可能超过标准车当量数每小时5000,有的甚至可能达到标准车当量数每小时8000。这本来是值得提倡的技术,可惜,在不珍惜资源和资金、喜好折腾、动不动就拆除重建的恶风下,大量环形平面交叉口被拆除掉了。

英美国家环形平面交叉口的设计理念与前苏联的迥然不同:它们不采取交织设计理念,而采取让行设计理念,佛罗里达州环形平面交叉口大都是采取这种设计理念。按让行设计理念设计的环形平面交叉口与按交织设计理念设计的环形平面交叉口,形状和构成完全一样,只是前者的环岛半径很小,大多在10米以下,因此,交叉口占地面积大大减小。从十字交叉的环形平面交叉口四个进口道驶来的车辆,只有在驾驶员判断出环道交织车道上车流有足够的空档(称为开档)时,才驶进交叉口,进入交织道,且进入车速大都在每小时20公里左右。当然,这种环形交叉口的通行能力比较低,可能只在标准车当量数每小时2000上下。其实,这个通行能力值,在中国很多中小城市或大城市城区边缘公路上,都是可以满足要求的。尤其在工业开发区,那里的交通量很小,完全可以使用这种环形平面交叉口。在深圳蛇口工业区,按此理论建了这样一个半径7.5米的环形平面交叉口,数十年过去了,交叉口交通依然流畅有序。

佛罗里达州盖恩斯维尔市中心，有一条设有中央分隔绿带的漂亮的西南二号大道，人们叫它“花园路”。花园路两侧布满这个城市各个时期的居住建筑，它与一号大街和十六号大街交叉的两个色灯控制路口间大约有两公里的距离，其间设置了三个半径为 7.5 米的让行环形平面交叉口，还有几个主路优先的停车让行平面交叉口，组织了一段没有色灯控制的连续交通路段。行人、自行车、公交车、小汽车、大货车，安静、安全、流畅、连续地行驶在这段道路上，似乎有印度昌迪加尔的风采。看着这些不同的交通方式协调地被组织在一条道路的交通系统中，和谐交通的惬意便油然而生(见图 4-55 至图 4-62)。

图 4-55　佛罗里达州城市城区的环形平面交叉口

图 4-56　盖恩斯维尔市西南 2 号道的小环形交叉口

图 4-57　两端灯控十字交叉口，中间三座环形平面交叉口

图 4-58　公交车通过小型环形交叉口

图 4-59　自行车通过小型环形平面交叉口

图 4-60　处于连续交通道路中间的小型环形平面交叉口

图 4-61　大型拖挂货车通过小型环形平面交叉口

图 4-62　连续交通道路两端的停车让行自行控制路口

停车让行平面交叉口在美国城市和乡村比比皆是。《武汉市城市道路平面交叉口规划、设计、管理技术规定》第 8.1.2 条将这类平面交叉口归于“第Ⅱ类次路让行平面交叉口”，规定其“可在城市支路与次干路相交以及主要支路与次要支路相交时采用，其适宜交通量为标准车当量数每小时 600～1100，并指出“此类交叉口在次要道路进口处的适当位置设置减速让行标志或停车让行标志及停车线。次要道路进入的车辆需减速或停车，视主要道路车流有足够的穿越空档时再行通过”。美国佛罗里达州的让行平面交叉口管理形式运用得更为普遍，而且几乎都采取停车让行的方式，有时还在相互冲突的两个交通方向一律设置停车让行标志，规定互相礼让。认真观察停车让行平面交叉口的实施效果，会发现路口交通秩序井然、行人行走安全，连车辆相擦碰的现象也绝无发生，实在是文明交通的范例。可以说，这种效果是现代交通文明的结果，也是培养现代交通文明的教案。在美国道路交叉口，难得见到执法的警察，绝大多数设置停车让行标志的路口，也不具备设置摄像监视的条件。车开到停车线处，是否真的停车，完全靠驾驶员自觉。我们观察多次，从未见到有违章的司机，这使初来美国考察的中国大陆道路交通专家感慨万千。

为了组织安全、畅通的道路交通，我们已经走过了三个阶段：第一阶段为建设道路阶段，我们用扩建道路来应对日益增长的机动车交通量；第二阶段为完善交通标志和标线阶段，我们知道了规范行车规则与秩序在保障安全畅通上至关重要的作用；第三阶段为智能化交通管理阶段，在这个阶段，交通管理和参与者全面运用迅速发展起来的地理信息技术、卫星定位技术、智能感应与传导技术、无线通信技术、计算机技术和系统工程技术，建立起了强大的互动式现代交通网络，最大限度地为实现自主选择交通运行提供最优化方案；第四阶段便是现代交通教育阶段，其实，交通教育一直贯穿在上述三个阶段中，只不过在此阶段更要得到强化和系统化。现代交通教育的目的是培养全体交通参与者的现代化交通意识自觉性。它应包括三个方面：一是科学立法，二是严格执法，三是遵章守法。着眼于“法”，关键在“自觉”。目前国内交通乱象的根源也在此：或章法不科学，或执法不严肃，或违章率居高不下。世界上其他国家很少有车辆驾车者开车急躁、超载、超速、变道、抢行，甚至酒驾；很少有摩托车、自行车驾驶员大胆超速，随意穿行、驶入禁行车道；很少有行人敢于拉手结伴闯红灯，或在非斑马线处过马路，甚至翻越隔离护栏；也很少有交通违章者、酒驾者敢于同交通警察在街面对抗。因此，在我国现代交通意识的教育是一项极为迫切的、全民性的工作。否则，中国大陆城乡交通乱象是不可能得到解决的(见图 4-63 至图 4-66)。

单向交通是美国大城市老城区组织交通常用的手法，对简化交叉口交通组织、保障交通流畅非常有效。美国城市中心市区大多是老城区，尤其是大城市。那里的道路都很狭窄，道路红线宽度不过二三十米，但路网密度很大，多在每平方公里 10 公里以上，有的老城区道路间距不足 100 米，路网密度却接近每平方公里 20 公里。可见，当年美国的规划师们并

图 4-63　停车让行自行控制道路平面交叉口

图 4-64　主路优先、次路让行的交叉口管理方式

图 4-65　商业区停车让行管理

图 4-66　停车候驶标志

没有预测到如今汽车数量如此之多,也没有预测到如今道路交通流量如此之大。但美国不像中国大陆那样,会拆除成片的旧有建筑物,去拓宽道路,因为美国的土地和房屋是私有的,是受法律保护的,而这保护私有财产的法律和价值观是上百年没有变化的。不说像曼哈顿岛那些私有的摩天大厦拆不得,就是在仅十几万人口的盖恩斯维尔市市中心,狭窄道路两旁那些百年老屋,别看它只有两层小楼,只要房子主人不同意,就拆不得。有趣的是,政府和开发商对这些老建筑拆不得,但这些老建筑的主人要想加高扩建,那也是不大可能的。这是因为:加高房屋,可能会挡住邻居家的阳光;在院子里加盖几间房子,会增加区域的建筑密度,减少绿地面积,左邻右舍是不会答应的。一打官司,想加高或扩建房屋的人家,没有不败诉的,所以也都死了这份心。在已有的属于历史文化保护遗迹的老街区,别说改扩建,就是想将房子的外观装修得富丽堂皇些,那也是不允许的。有钱尽管在室内刷金铺银,没人会管,可在室外一摆阔,就会被告破坏了街区整体的协调美,而且一定会败诉。所以在老城区,路还是百年前的

路，屋也还是百年前的屋，但汽车数量和交通量日益增加，出路何在呢？一是城市发展在建新区上花功夫，而决不去动迁老城区；二是在交通方式和交通管理上动脑筋。具体来说，可以在地下建造停车库、修建地铁，在地上科学组织车辆交通。老城区密集的方格网式道路系统为组织单向交通提供了便利的条件，相距不远相邻成对的狭窄道路，正好组织上下行单向交通。单向交通简化了交叉口的交通组织，如果在交叉口实施限左的管理措施，那色灯配时只需两个相位，交叉口通行能力将得到大幅提高（见图 4-67、图 4-68）。

图 4-67　纽约曼哈顿街道单向交通

图 4-68　佛罗里达州圣·奥古斯丁主要街道的单向交通

这种密度大的方格网式道路系统，很适合组织单向交通系统，而两相位的单向交通系统又比较容易实施绿波交通管理，有时，不但实现线路绿波交通是可能的，而且实现路网绿波交通也是可能的。这时，只要按照交叉口间距和行程车速合理确定灯控配时绿信比和相位差即可。《武汉市城市道路平面交叉口规划、设计、管理技术规定》第 10.3 条规定：

当一条城市干道相当长路段的灯控平面交叉口之间的间距相近时，可对各路口选用统一的时段配时周期，拟定合理的相位差，实施双向绿波交通控制；当灯控路口之间间距相差较大，不宜采用双向绿波交通控制时，也可实施单向绿波交通控制。采取绿波交通控制时，相邻灯控路口之间的相位差可用以下公式计算，即

$$t_i = \frac{3.6L}{v}$$

式中：t_i——相邻灯控路口相位差(s)；

L——相邻灯控路口同向候驶停止线之间的间距(m)；

v——相邻灯控路口之间控制行驶车速(km/h)。

条件可能时,可对与已实施绿波交通控制路段相交的路段实施绿波交通控制(单向绿波或双向绿波),直至将绿波交通控制在路网中实施。

中国城市历史悠久,城市道路网络也大多采取密度大的方格网式结构。遗憾的是,在上一轮大拆大建风暴式的旧城改扩建中,合并加宽干道路网,割断、封闭支路,破坏了实施组织单向交通、实现绿波交通的有利条件。更加遗憾的是,城市新区以及开发区的规划建设,或屈从于大型项目开发商的利益需要,或缺乏远见,走一步算一步,片片块块分割规划道路网络,人为造成道路不成系统,路网间距太大,严重缺乏通达支路,无法组织单向和绿波交通。不知在新一轮城镇化规划建设中,能否吸取经验和教训,有前瞻性地规划和建设适宜组织现代化和谐交通的道路系统。

4.2 交通

4.2.1 交通方式

1. 航空运输

美国是一个移民国家,其国民或国民的祖先绝大多数来自世界各地。美国如今是世界上经济最发达、对世界影响力最大的超级大国,与世界各国交流频繁。美国幅员辽阔,政策自由开放,人员流动讲究效率、舒适。美国人民除了短程出行自驾汽车,中、远程出差旅游一般首选航空方式。据统计,在美国,人们乘飞机出行的比例接近五分之一,航空货运的比例也远远高于世界其他国家(见图 4-69 至图 4-72)。

图 4-69　美国拉斯维加斯的飞机场

图 4-70　拉斯维加斯机场航空客运

图 4-71　美国芝加哥的飞机场

图 4-72　芝加哥机场候机楼通道

虽然佛罗里达州的首府杰克逊威尔，最繁华的城市迈阿密以及旅游胜地奥兰多、坦帕、劳德岱堡等城市都有国际机场，但是从中国飞往佛罗里达州，还是得在它的西北邻州佐治亚州的亚特兰大国际机场转机。亚特兰大属于美国的航空枢纽城市，这样的航空枢纽城市，美国全国有近二十余座，包括纽约、洛杉矶、华盛敦、芝加哥、休斯敦、旧金山等城市。佛罗里达州面积 17 万平方公里，人口不过 2000 万，不但有四五个国际机场，而且其六七十个县，几乎都有从自己的小型飞机场飞往国际机场的航班。我在佛罗里达州暂居的盖恩斯维尔市，它属于阿拉楚阿县管辖，是县政府所在地，从这里飞往亚特兰大和其他国际机场的航班天天都有。其实，阿拉楚阿县全县总共还有二十几个小型飞机场。

美国的行政区划与中国的大致相同，美国的州相当于中国的省。佛罗里达州的面积在美国 50 个州中占第 22 位，人口占第 4 位，面积约为我国广西壮族自治区的 73%，人口却不到它的 43%。全州由 60 多个县组成，每个县管辖若干座城市。阿拉楚阿县面积 2500 余平方公里，人口不到 30 万，相当于我国的一个小县。县政府所在地盖恩斯维尔全市面积不过 127 平方公里，人口 13 万，相当于我国一个很小的县城。然而这里不但有航班飞往枢纽机场，而且全县还有二十几座小型飞机场，相当于每个镇都有自己的飞机场。可见，在美国，航空交通是多么的重要和方便(见图 4-73、图 4-74)。

图 4-73　小型机场的小型飞机

图 4-74　有两条跑道的小型机场

2. 铁路运输

美国的铁路运输经历了从 19 世纪初到 20 世纪初近百年的辉煌发展期。随着汽车运输的飞速发展和航空运输的崛起，铁路运输地位显著下降。目前，美国虽然铁路总里程锐减到了 40 多万公里，但仍是世界第一铁路运输大国，大致是中国铁道里程的 4 倍。但美国铁路运输在其国内的地位完全不能与中国相比，尤其在客运上，更是无足轻重，所占比例不到 1%。但在美国汽车、粮食、煤炭、矿石等大宗货物的运输仍以铁道运输为主，总货运量比例接近 40%。汽车客运门到门服务，个体单独自由的运输方式大受美国人的青睐，将铁路短途运输挤到市郊通勤车的行列，而且中程运输也被汽车运输所取代。至于远程运输，更是被航空运输所取代。所以在美国，铁路客运主要用于旅游出行，人们很少采用铁路运输来完成自己的生活出行和工作出行，除非是市郊的通勤列车，以及相邻近城市之间的城际铁道客运(见图 4-75、图 4-76)。

图 4-75　铁道上行驶的列车

图 4-76　列车车厢

3. 水路运输

水路运输是人类最早采用的中远程交通方式，至今，美国密西西比河、哥伦比亚河等内河航道通航里程总计仍达 4 万余公里。虽然水路客运几乎完全让位给汽车与飞机客运，但水路货运所占比重一直维持在 15%以上。至于海洋大宗货物运输，更是发挥着别的交通方式所不可替代的重要作用(见图 4-77、图 4-78)。

图 4-77　佛罗里达州坦帕市的航运码头

图 4-78　佛罗里达州坦帕市的集装箱码头

佛罗里达半岛东靠大西洋，西邻墨西哥湾，南隔佛罗里达海峡与古巴相望，直通南美洲，其海洋运输非常发达。坦帕市、迈阿密市都是美国极为重要的海港城市，尤其要称道的是这两座城市的邮轮旅游方式。秋冬时日，美国大部分国土冰天雪地，但佛罗里达州依旧春意盎然，美国人和冬日来美的欧洲人、亚洲人，携家带口，或涌向奥兰多、迈阿密和坦帕，登上巨大的邮轮，天天出海；或涌进墨西哥、洪都拉斯、贝利兹，甚至涌进加勒比海，去享受明媚的阳光和洁白的沙滩，去感受古老的玛雅文明和异国风情(见图 4-79、图 4-80)。

图 4-79　邮轮码头上的巨型邮轮

图 4-80　乘游轮出海旅游

在佛罗里达州,不但海上客运,而且内河运输的游乐和体育出行功能,已经取代了传统的工作和生活出行功能。凡有水面的居民点,私家游艇随处可见,驾驶游艇出游,已经成为那里居民的一种生活方式(见图4-81至图4-84)。

图 4-81 游艇码头

图 4-82 河流航道

图 4-83 人为开凿的水道

图 4-84 较大的江河航道

4. 汽车运输

毫无疑问,汽车运输是美国最为重要的交通方式。美国人民的生产和生活离不开汽车,一个美国家庭可以没有自己的住宅,而去住出租屋,但一定不能没有自己的汽车。3.2 亿美国人拥有 2.4 亿辆汽车,相当于每千人拥有汽车 750 辆。在佛罗里达州,汽车报废管理很松,许多二手车、三手车照样在路上跑。不少来美留学的年轻人,花三五千美元买辆二手车,开两三年,离开美国时,稍加整修,还可以卖两三千美元。所以美国的汽车保有量比统计数量多不少。在美国,居民机械化出行中,汽车出行占

80%以上；在货运总量中，汽车运输所占比例接近三分之一(见图4-85、图4-86)。

图 4-85　美国居民汽车出行

图 4-86　美国汽车运输

通过佛罗里达州的高速公路、快速路有十几条，等级公路里程达到 15 万公里，路网密度超过每平方公里 1.0 公里。实际上，在美国，道路通到每家每户，完全做到了汽车道路“家家通”。汽车道路不但通到每家车库门口，而且通到农家的田间地头，农牧民农田劳作、牧场养殖也是离不开机械与车辆的。

汽车，以其可以提供“门到门”的运输服务，方便人们出行和货物运输，备受欢迎，而且它的个性化、私密性特点更为崇尚自由和个人主义的美国人所欣赏。在美国，飞驰在高速公路上的汽车，以单人的居多，以至于有的道路设置“优先共乘车道”，鼓励人们一车多人共乘。在美国，人们经常驾驶汽车到达城际铁路或地铁枢纽站，然后转乘轨道交通去上班；他们还会自己驾驶汽车，到达东部纽约飞机场，将汽车存放在停车场，然后乘飞机到西部的洛杉矶出差，出了洛杉矶飞机场后，马上租一辆公务车使用几天。熟知在美国租车方便的国外游客，到达美国后，以每天几十块钱的价格，就可以租到一辆不错的小汽车，携家带口，从西部洛杉矶开车跑遍美国各地，最后到亚特兰大机场还车就行了。租车公司的车，异地交还十分正常(见图 4-87、图 4-88)。

大巴旅游车、“灰狗”长途班车、大大小小的各色载货汽车与川流不息的小汽车组成了美国大地上一道独特的交通运输风景线，服务于美国人民的生产和生活。

图 4-87 高速公路上大小汽车川流不息

图 4-88 大型客车提供中长距离客运服务

4.2.2 公共交通

美国同行常常很谦虚,称赞中国的公共交通发达,说美国比不上中国,这话也有对的一面。美国多数大城市、特大城市的公交出行分担率(指居民出行采取公共交通方式占全部出行的比例)要想赶上中国,那几乎是不可能的。城市居民的出行主要是为了工作和基本生活,大致每天每人 2.5～2.8 次,其中 50%以上应是近距离的步行或自行车交通方式,机动化出行不应超过 50%。合理的居民机动化出行,应有 50%以上选择公共交通,而在大城市、特大城市,公交出行的 50%以上应该由轨道公共交通(包括地铁、轻轨、城际铁路等)提供。这便是所谓的"三个百分之五十以上"原则。但在美国,除了像纽约、芝加哥等极少几个特大城市以外,居民机动化出行选择家庭小汽车交通方式还是占绝大多数。实际上,在美国,拥有地铁的城市目前只有纽约、洛杉矶、芝加哥、波士顿、华盛顿、费城、旧金山等少数几个特大城市。不过许多城市还是有轨道公交的,它们一般是采取在旧有铁道线上并轨运行轨道公共交通模式,来满足居住地点远离工作地点的居民出行需求。

然而,就公共交通的服务水平、舒适度、准点率、满意度而言,美国的城市公共交通都是很高的,欧洲国家的城市难以匹敌,更不用说北京、上海、武汉、宜昌这些中国城市了。至于美国中小城市公共交通服务水平之高,更是其他国家难以企及的。

20 世纪 50 年代前后,美国各大中城市的公共交通分担率还是很高的，公交车是大多数上班族出行的首选。美国黑人妇女罗莎在公交车上沉默不给白人让座被“依法”(那时美国当地法律规定，黑人可以与白人同乘一辆公交车，但黑人要给白人让座)拘留，从而引发美国黑人和许多反对种族歧视的白人“罢乘(公交)”“罢工”，进而掀起波澜壮阔的争取平等、人权的民主运动，推动马丁·路德·金发表著名演说《我有一个梦想》，可见当时在美国，公共交通地位之重要。民主运动以后，随着美国私人小汽车数量的急剧上升，居民乘公交出行比例日益下滑，但法律保障了美国各城市公共交通的重要地位，政府在公共交通上的投入与补贴，促进了公共交通向更加人性化、规范化、现代化方向发展(见图 4-89 至图 4-94)。

图 4-89 轨道公共交通

图 4-90 轨道公交站与商场、宾馆有直接通道相接

图 4-91 有轨公共电车

图 4-92 非高峰时段空荡的公交车

图 4-93　盖恩斯维尔市公共交通枢纽站

图 4-94　盖恩斯维尔公交枢纽站的壁画

除了极少数几座城市在一天居民出行高峰期，公交车上略显拥挤外，在美国乘坐公交车都是会有座位的，而且每辆公交车上都设有安置轮椅的位置和装置，轮椅上下公交车时，都有活动斜板从车门下伸出。尤其是在公交车前部，还安置有可以放下两三辆自行车的固定支架，供骑自行车者带车转换公共汽车，其人性化服务实在值得称道(见图 4-95、图 4-96)。

图 4-95　公交车为轮椅使用者和骑自行车转乘者服务的设施

图 4-96　公交司机扣好轮椅

城市公交车的到站准点率高，是美国公共交通的一大特点。美国许多城市的公交车站的站牌上都有一张公交线路车辆全天到站时刻表，其误差不会超过 3 分钟。公交线路车辆全天到站时刻表可以通过按季节发放的城市公交手册和互联网向市民公布，市民按点去公交车站候车，完全避免了乘客长时间等车，省去很多的麻烦(见图 4-97 至图 4-104)。

图 4-97 公交车内一般都有座位

图 4-98 公交线路深入佛罗里达大学校区内

图 4-99 公交站点的公交车线路图和车辆到达时刻表

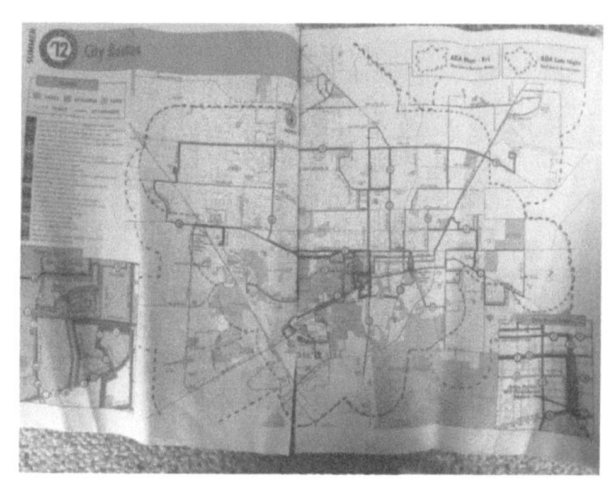

图 4-100 盖恩斯维尔市公交线路图

图 4-101 3 美元一张的公交车全天票

图 4-102 城市中港湾式公交停靠站

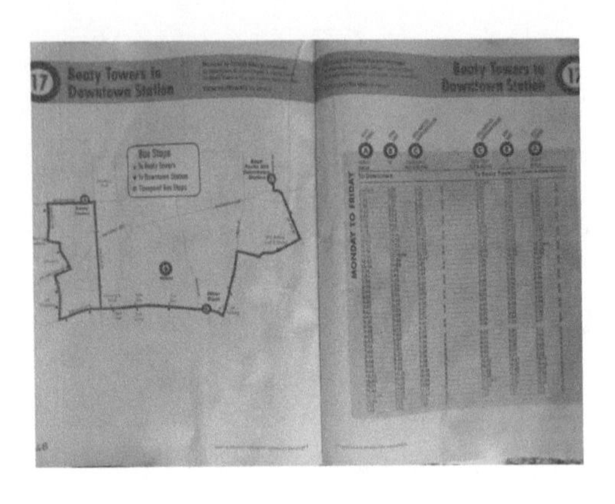

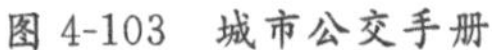
图 4-103 城市公交手册

图 4-104 养老福利机构处的公交站点

4.2.3 校车

校车在美国的汽车交通中占有特殊的地位,它是保障义务教育法得到贯彻的重要措施,也是儿童交通安全的保障。美国的义务教育法不但要求每个儿童必须去上学而不能去工作、赚钱,要求每个儿童的家长有义务送孩子去上学,要求每个雇工者绝不许雇用童工,而且,各州政府有义务给每个儿童提供上学的条件。美国有一个特殊的分区系列,那就是学区,每个学区里的适龄儿童,不允许有一个失学。家庭条件困难的,不但可以不交学费和书本费,还可以吃免费早餐和午餐;家离学校较远的、无人接送的,校区的橙色校车会来接送。

美国各州的道路交通管理法规给以校车的优先路权是十分感人的,这是其尊重人权、生命、儿童权益,视儿童为家庭的希望和国家的未来的普适价值观的具体体现。这种普适价值观已经深入执政者和每个公民的心中。否则,很难理解,校车交通怎么会受到如此的优先待遇;也很难理解,为什么在美国几乎看不到任何一个司机违规去和校车争抢路权。校车设计标准规范,以安全为第一原则,即使校车与其他车辆发生碰撞,车内学生的生命都是可以得到保障的,何况其他车辆与校车碰撞的情况绝少发生。初次看到在美国城市和乡村穿行的校车所受到的安全保护,很多外国政要和游客无不为之感动。首先,在美国,只有校车可以全车身喷涂橙黄色油漆，这是一种在道路上最为醒目的警告色；其次，校车顶上前后都设有红黄色灯，有视线差时、停止行驶上下学生时，警告灯闪亮，必要时，还可以警声长鸣。清晨与黄昏，在佛罗里达州大大小小的城市和乡村道路上，都会看到这种全身橙黄色的大块头校车来回穿梭。每个校区管理和雇用的校车，会准时停在离学生住宅最近处或家长接送孩子的固定停靠点，接送中小学生。当它准备停下来时，前脸和后尾顶上的红、黄灯开始闪烁，有时还伴以长鸣警声，告诉大家，校车就要靠站。校车停下，车左侧便伸出了具有法规权力的停车标志。这时，校车后面所有的车辆都必须停下，甚至对向行驶的车辆，如果路中没有 3 米以上的中央分隔带，那也是必须停下来的。停下的校车车前伸出阻拦杆，打开车门，学生安全上车坐好或下车走到人行道，直到校车关上车门，收起停车标志和阻拦杆，缓缓启动了，校车后面或它对向行驶的车辆才跟着启动。有这样的校车行驶优先权，怎么可能发生校车撞车或追尾事故呢？其实，就校车结构设计的安全性而言，几乎别的什么车撞上它，车毁人伤的只能是自己，校车常是毫发不伤，并且车上学生的安全都能得到最大的保障。

这样的校车，服务于美国每一个需要它的学龄学生。不管是住在首都华盛顿，还是住在偏僻的乡间；不管是高官富豪的子女，还是失业领取救济金家庭的孩子，都同样享有这种校车安全接送的权利(见图 4-105 至图 4-108)。

图 4-105 凌晨校车准时接学生去学校

图 4-106 傍晚校车确保将孩子们送到家门口

图 4-107　校车停靠时，黄灯闪烁，并伸出阻拦杆和停车标志

图 4-108　校车停靠区的警示牌

4.2.4　交通管理

在美国，道路交通遵章率是很高的，难得看到机动车驾驶员和行人违章，尤其是汽车，连违章停车都绝少看到。遵章率高，得益于那里的道路基础设施规划建设得合理、完善，得益于交通标志和标线、色灯配置得系统、完整，得益于交通管理得科学、威严，更得益于人们现代交通意识培育的有效、普及。

佛罗里达州道路交通设施规划建设规模预测准确，有远见，规范、标准高，能充分满足交通需求。无论是对满足动态交通行车的道路，或是满足静态交通需求的加油站、停车场，都是如此，这是保障有序交通的根本。道路交通设施，包括停车设施的规划建设，已如前面所述，本节主要涉及交通工程部分。

美国道路交通安全管理法规与其他国家并无二致，道路交通标志和标线更为规范、普及与完善。路况可以差一些，但交通标志和标线与设施却不马虎。在佛罗里达州广阔的大地上自不用说，就是在西部一望无际的戈壁荒漠上，那里的路段、路口的交通设施与标志和标线也是规规矩矩的。在佛罗里达州城乡各个等级的道路上，各种指路标志明显、完整、系统、连续、准确，尤其是道路交叉口前的指路标志，驾驶人员一目了然，这保障了路段的行车速度和司机的遵章率。无论在路段或是在路口，行人的遵章率都是极高的。在佛罗里达州，除了停车候驶标志和限速标志设置于路旁外，几乎所有的指示标志都悬挂设置在道路上方醒目的位置。

特别是多车道的道路上方，指示标志几乎都按车道位置分道设置，竭力避免驾驶人员临时匆忙变道。在城市中心区，平面道路交叉口的距离往往很近，为避免色灯变换，车辆进入交叉口范围发生拥堵，妨碍邻向车辆通过交叉口，在进口车道的上方，大都设置有提示，警示车辆留出路口空当，在前车滞留时，不要再紧随进入。在美国，候驶标志主要采用停车候驶，很少采用减速候驶，这有利于培养司机的遵章意识，有利于有序地疏导交通，有利于交通安全。停车候驶标志不但广泛运用于支路相交的交叉口和停车场车辆频繁转向的超短路段，而且广泛运用于干道路段上，组织单车道入口的进入车辆安全驶入。

在美国，所有道路，无论其路面品质如何，其路面标线总是齐全与规范的，不但路段上的车道标线，而且路口处的左转标线、回头标线，以及公交专用道、自行车车道、公交停靠站标示，都十分完备。较大些的平面交叉口，大都设有左转专用道，而临近路口的左转专用道一定是向左加宽出来的车道，绝不用直行车道直接转换而来。加宽出来的左转专用道一般有两种方法设置：在有足够宽的中央分隔带时，采取压缩中央分隔带的方法设置左转专用道；而在一幅路的道路交叉口处，往往采用鱼腹式划线，形成左转车道。有时，在中心城区，灯控路口密集，进口车道增加需求频繁，常常出现整条道路的路面标线形成锯齿状的情景，蔚为壮观。

盖恩斯维尔市的灯控平面交叉口基本上都采用自适应式控制方式，包括主路优先和次路让行的路口。每个灯控交叉口都设有行人过街按钮，路段行人斑马线处也都设有这种按钮，用以确保车流畅通和行人过街安全。交叉口停车候驶线后的交通流量检测器，通常采取线圈式感应设施，一般情况下与道路同时建设，但也有后装的，留下了明显的埋线痕迹。自适应色灯控制器往往就在道路交叉口旁边，少有统一设在交通控制中心的。过街行人按下过街请求按钮后，信号进入控制器，自动控制器根据交通流量流向，计算出合理色灯转换配时，延时给出行人过街信号。一般情况下，无论路口或路段，过街行人都较稀少，但在中心城区商业繁华地段，虽然车流、过街人流可能很大，但也鲜少见违章的情况发生，尤其是机动车，礼让行人，已属自然。在商业繁华区，偶有违章闯红灯的行人，亦多属流动人士，当地常居市民绝少违章。路口停车线后的待驶车辆，一旦绿灯亮起，启动和跟车都是异常迅速的。就算在路段上，除了必要的转向，行驶中的汽车也是绝少变换车道的。频繁变道的车辆,往往会被临近驾车的司机举报,或被安装在路上的监视系统发现,那么,在下一个路口或休息区就可能被守候的警察询问,甚至处罚。这种交通规则规范、交通标志和标线完善、监控设施密集、遵章率高、管理科学、威严执法的效果是非常明显的:车速快,安全性高(见图 4-109 至图 4-118)。

图 4-109　行人或驾驶员遵章出行

图 4-110　行人过街处的行人过街按钮

图 4-111　按交通分区的交通控制中心

图 4-112　美国交通警察执法

图 4-113　灯控路口进口车道加宽

图 4-114　鱼腹式划线形成左转车道

图 4-115 路段指路标志

图 4-116 禁止占据道口标志

图 4-117 荒凉的戈壁滩上的小型灯控交叉口

图 4-118 停车让行标志

4.2.5 交通规划

交通规划的基础是交通预测。四阶段交通预测法的研发和应用源于美国。至今，美国和世界许多国家一样，仍旧采用四阶段交通预测法，不过其运用的成熟与规范，明显高出其他国家一筹。当然，美国交通预测准确并不仅仅是因为其运用的软件先进，预测的公式适用，更重要的是其收集和输入的数据完整、准确，并且美国的社会经济发展相当平稳，交通模型的管理规范、科学。美国各州也是大致按行政区划分成若干个交通分区，各个交通分区都有自己的交通模型，例如高速公路交通模型、公共交通模型、综合交通模型等。交通分区内的各个县、市也都有自己的交通模型。这些交通模型都是唯一的，即所谓的“一城一模”原则。一城一模有效地避免了政出多门，提高了交通预测的准确性和权威性，同时有利于集中资金和优势科学技术力量的投入，有利于动员社会力量参加建立、维护、修补适用的交通模型。一城一模原则是与“模型公开”“资源共享”原则相辅相成的，这保证了交通预测模型最大的社会效益和经济效益。

佛罗里达州交通模型虽然仍应用四阶段交通预测法建立,但其已经准备好了引进非聚集模型理论,这将是交通模型应用发展的一件大事,据说各州都在做更换交通模型的相应准备。还有一点需要指出:美国各交通分区的交通模型还广泛应用在城市规划、建筑设计和环境预测等许多领域,并取得了显著效果(见图 4-119 至图 4-124)。

图 4-119　佛罗里达州划七个交通分区

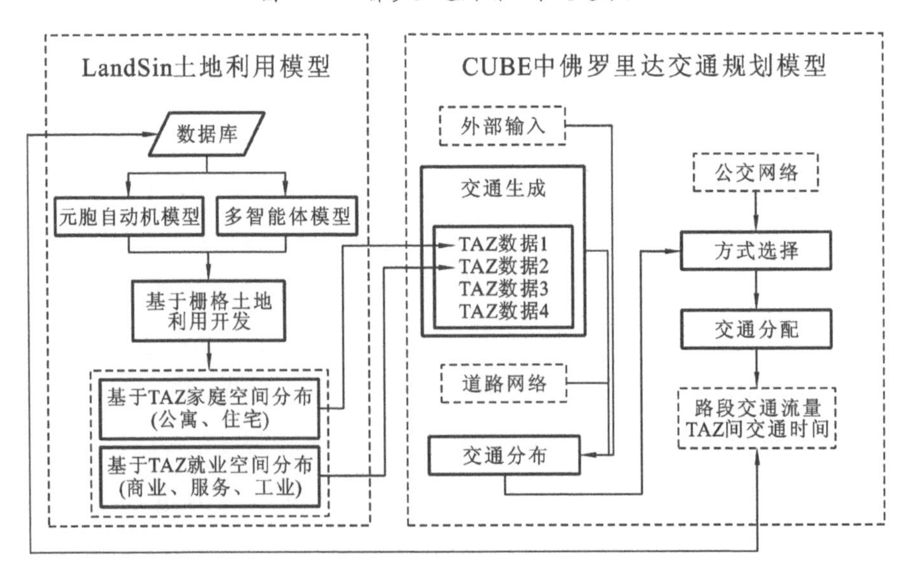

图 4-120　基于非集聚模型的交通预测方法

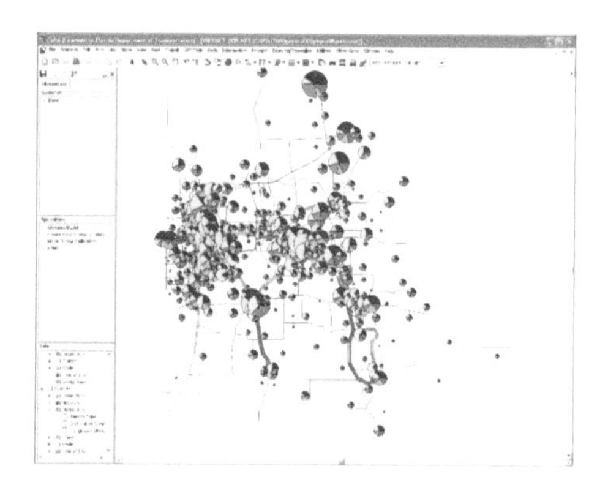

图 4-121 交通生成

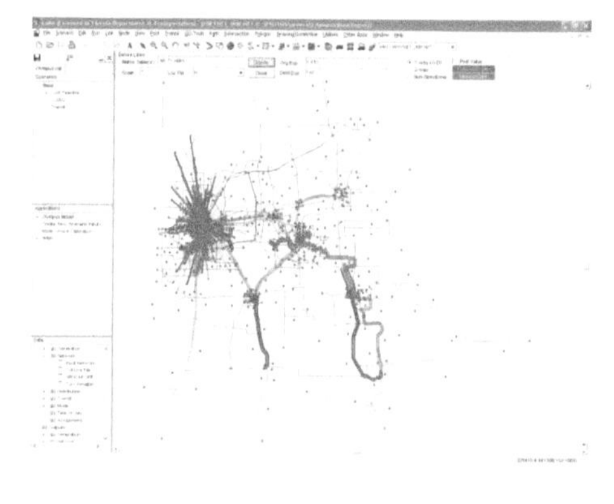

图 4-122 交通分布

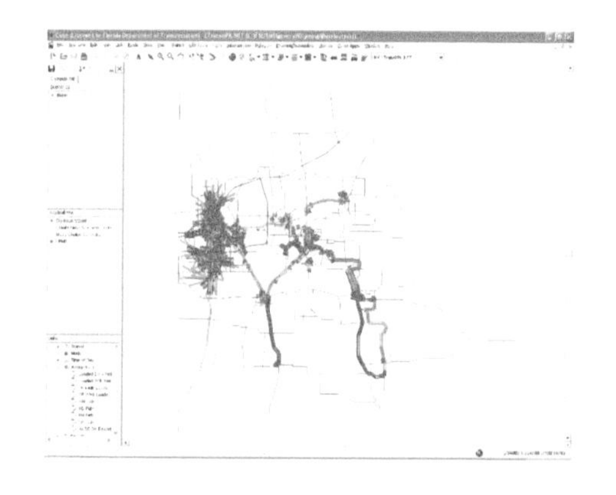

图 4-123 不同交通方式的交通模型

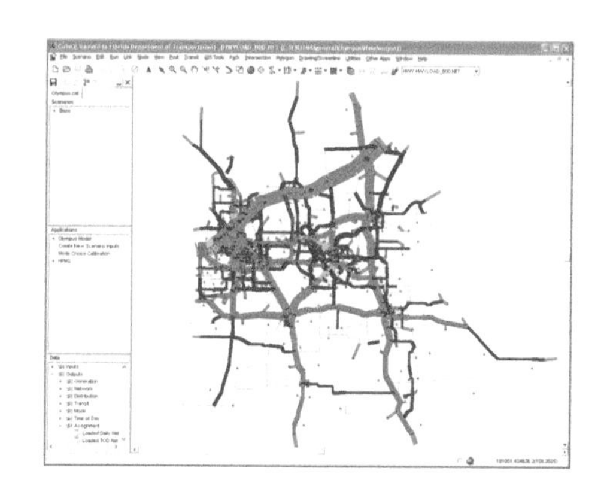

图 4-124 交通量分配

美国各州的交通规划早已摆脱了相对于城市规划的滞后和被动局面,站在了与土地规划、环境规划相匹配的地位,有时,甚至还要超前。由于全球一体化和新技术的迅速推广,发展中国家的城市化发展过于迅猛和具有非典型的特点,致使传统的交通预测、交通规划难以应对。中国学者与美国学者同时开展的"交通情景控制规划"尝试值得在此叙及。当前,美国学者重视以环境情景控制交通需求,进而控制土地利用,而中国学者主张先就与土地利用相关联的人口发展情景控制道路交通量需求。其实,中美学者的主张是一致的,那就是制定环境或交通量可承受情景,用以控制人口发展与土地利用开发建设强度。

例如在某城市的交通情景控制规划中,就以规划范围内人口容量和道路交通条件的组合设定情景,预测道路交通服务水平情景,提出控制规划指标,作为规划决策的依据。道路交通服务水平是指预测路段交通量

V 与路段通行能力 C 的比值,以其值大于 1.0 为标准。当 $V/C>1.0$ 时,若干道长度与干道总长度之比 $M\leqslant 3\%$,则道路交通服务水平情景定义为"可接受";若 $3\%<M<6\%$,则道路交通服务水平情景定义为"尚可接受";若 $6\%\leqslant M<15\%$,则道路交通服务水平情景定义为"不可接受";若 $M\geqslant 15\%$,则道路交通服务水平情景定义为"严重不可接受"。一座城市、一个区域,它的土地利用布局,决定了它的人口布局,进而决定了它的交通生成。道路系统和它所能提供的交通服务能力与水平,对应于规划土地利用状态,据此可以有规律地选择交通方式和分配交通量,以及预测到全部道路交通系统的交通服务水平。这就为我们评价和修正、调整道路交通系统,调整土地利用规划和人口分布提供了基础依据。这便是所谓"交通生成—交通方式选择—交通分布—交通量分配"四阶段交通预测理念,并依此构建合适的交通预测模型,进行科学的交通分析与评价,为规划决策提供交通依据,调整方案。针对选择的示范城市——湖北省十堰市中心城区,将其人口规模分布情景与道路交通服务能力情景互相匹配组合,提出"人口规模 100 万,主骨架系统不设置连续交通;人口规模 100 万,主骨架系统不设置连续交通;人口规模 125 万,主骨架系统不设置连续交通;人口规模 125 万,主骨架系统设置连续交通;人口规模 150 万,主骨架系统设置连续交通;人口规模 150 万,主骨架系统设置连续交通;人口规模 200 万,主骨架系统不设置连续交通;人口规模 200 万,主骨架系统设置连续交通"等八种规划组合情景。针对上面排列的规划情景,运用合适的交通预测模型,结合前面拟定的交通服务水平情景,可以得到各种情景下的交通控制规划指标,提供给决策部门参考。例如,我们推荐采用主骨架道路为连续交通系统,中心城区容纳 125 万人口,外围协调区新增加 25 万人的情景,此时,预测 $M=3\%$,处于可接受范畴中,且能基本满足当地决策者扩展城市规模的愿望。

4.2.6 公交服务规划

传统的公共交通规划注重车辆发展规模、线路系统布设、站场用地分布以及规划保障措施。但在美国佛罗里达州,这四项内容已实施多年,供给需求平衡、服务水平适宜、财务保障可靠、居民评价满意,无需再作更改，传统公共交通规划已经失去动力与需要。但佛罗里达州的公共交通规划技术人员仍在兢兢业业地做着公共交通规划工作，只不过他们关心的是线路的精心调整与增加，以及区域内科学的调度与管理。在盖恩斯维尔市，一本公共交通服务手册，常年实时更新，免费提供给市民。其中公共交通线路车辆到达时刻表是手册中最令乘客关注的内容，也是公共交通规划技术人员精心计算后拟定的重要成果。当他们针对单条公交线路规划优化调配方案时，称为线路调配规划；当他们针对某个区域，甚至整个服务区范围进行优化调配方案规划时，称为区域调配规划。我们姑且统称为公共交通服务规划。落实到线路车辆到达站点时刻是以分为单位规划的，实际上，误差不过两三分钟。这极大地方便了乘客，他们不用早早就在公交站牌下焦急地等待了（见图 4-125、图 4-126）。

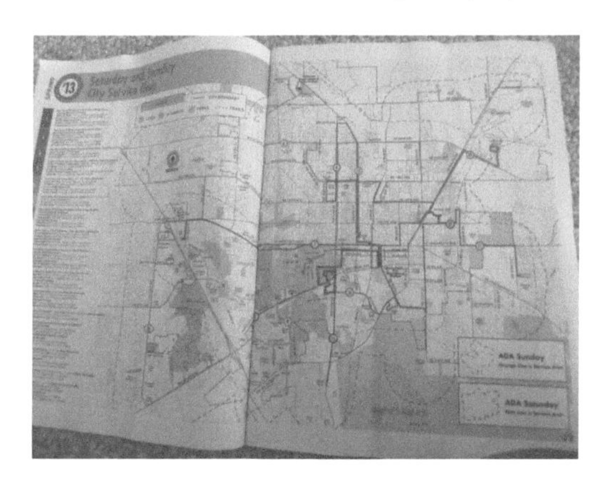

图 4-125　盖恩斯维尔市的公共交通手册

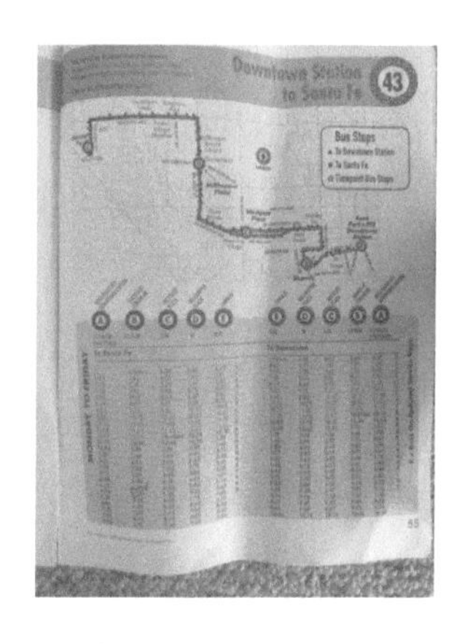

图 4-126　每条线路公交车到达时刻表

5 居住与环境

5.1 居住

说完了“衣”“食”“行”，再谈谈“住”。

按五级分类法，可以将美国佛罗里达州的居民住宅分为高级豪宅、次高级住宅、中级住宅、中下级住宅和低级住宅五个级别。明星巨富们的高级豪宅，我只能在外面看看，低级住宅也没有进去过。所结识的美国朋友，大都住在中间三个级别的住宅里，也都有机会去看看室内室外，至于我自己暂时租住的住宅，我认为就属于中等级别。

高级住宅的建筑面积，一般不会小于500平方米，其中，属于豪宅的恐怕要在1000平方米之上。拥有高级豪宅的主人，不会仅仅将住宅作为吃饭和休憩的家，而且会作为他们交友、聚会，甚至会谈的场所，豪宅的功能之一是炫耀身份。高级住宅一般都拥有前院和后园，前院必须容得下达官贵人、亲朋好友的座驾，还要有艺术品和植物点缀，以昭示主人家的与众不同；后园是主人家希望在自家天地里体验回归自然的微型载体，一定得有水和花草树木，那是大自然的象征。水有流水，也有静水，植物配置可规则式，也可自由式，全凭主人爱好。游泳池、网球场、休闲空间，也几乎都是高级住宅必备的。有些高级豪宅可能临近湖海，拥有豪华游艇；可能背靠山丘，拥有私家飞机。至于住宅内部，时髦的现代化电器和电子设备、收藏的名画古董、配置的实木家具、实用的工艺器皿等，应有尽有。高级住宅数量并不多，我跑遍佛罗里达州，只在近海地区看到过（见图5-1至图5-4）。

次高级住宅在美国比较普遍，一些来美国后事业相当成功的华人，就可能拥有。我在他们家客住过，或受邀做客，了解内部设施要详细、客观许多。偶尔去到当地的美国人家中做客，倒也是大同小异，只不过华人家

图 5-1　高级住宅必备的前院

图 5-2　后园中的游泳池与休闲绿地空间

图 5-3　拥有豪华游艇的高级豪宅

图 5-4　拥有私家飞机的高级豪宅

庭多挂渲染国画，摆放观音、关公，洋人家庭多挂油画，摆放罗丹、耶稣而已。

次高级住宅无须拥有前院，但宅子前一定是面临马路的，美国人家庭几乎不可能没有汽车，那是他们生活出行之必须，所以，住宅的进门旁几乎清一色是车库落地门。拥有次高级住宅的家庭，会拥有不少于两辆的汽车，所以车库也不会少于两个停车位。他们的车库也可能开有直接进入房间的小门，那是为了方便主人下车后直接入户。其实，车库不但可以用来停车，而且也是工具间、杂物间，只是摆放整齐、清扫干净，这是主人的习惯使然。

次高级住宅的建筑面积大致都在 200 平方米以上，或平房，或两层楼房。虽然没有前院，但后花园是必不可少的。后花园虽属于主人家所有，但在他的私家属地中，有的树木，甚至有的林地水面，那是不能动的，但主人却有清扫落叶的责任和义务,当然,可以自己动手,也可以雇工打点。后花园中除了有大片草坪、树木、花木外,一般还有游泳池、家庭休闲空间。住宅建筑室内的基本构成自然是卧室、厨房、卫生间、餐厅、客厅、书房等,次高级住宅往往还拥有儿童娱乐室、专用电视室、衣帽间和佣人卧室等辅助房间。住宅中的主人家庭卧室一般不会少于三间,他们的孩子从小就能拥有自己的卧室(见图 5-5 至图 5-8)。

图 5-5　次高级住宅前临近道路

图 5-6　比较少见的单层次高级住宅

图 5-7　次高级住宅的后花园

图 5-8　次高级住宅前后院开阔

在美国,不是所有的有钱人都愿意拥有这样一栋高级住宅,房子和园地虽然是私有的,但是每年需要按住宅的价值缴税。每年上万甚至数万美元的房产税,不是每个有钱人都愿意去缴的,他们也许更愿意用这些钱去乘游轮周游世界,或去买股票、投资、再创业。

中级住宅是美国中产阶级的居家领地,无论单层或是两层,无论独栋或是联排,其特点都是独门独户,拥有一到两个车位的私家车库。中级住宅一般没有前院,但是有后园,只是面积比起高级住宅的要小得多。中级住宅的建筑面积可能在200平方米以下，但三四间卧室、宽敞的厨房、设施完善的卫生间、敞亮的客厅以及餐厅总是具备的。20世纪末去到美国并且在那里定居的中国同胞们，大致都能拥有一栋这样的住宅。其实，地道的美国人，倒宁可去租住一栋也不一定购买。他们一是不愿意缴纳房产税，二是习惯了工作与迁徙自由，他们对于我们实行了半个世纪的户籍制度，觉得很不可思议，他们不像咱们中国人，总怀有买房置业的祖训传统。不过近年来，那些在美国定居的中国人，观念也有了转变。我朋友的孩子中，在美国，就有因换了工作地点而卖掉自己的独栋住宅，而在新城区租住的(见图5-9至图5-12)。

图5-9 中级住宅一般没有前院而有后花园

图5-10 美国多数家庭居住的中级住宅

图5-11 几户共居一栋的中级住宅

图5-12 老城区的中级住宅

在佛罗里达州，我特意去了解了一下普通农民、牧民家的居住与生产条件。其实，他们的居住条件绝不比城市中的中产阶级家庭差，无论设施条件、居住条件、卫生条件，都与城市里的住宅条件无异，而且环境似乎还要好些。独栋住宅，栅栏围合起来的大片草地，是它们的特色；建筑面积实用，一二百平方米已经足够。将他们的住宅归于中级住宅是合适的，当然,这并不包括大农场主的庄园,那是高级住宅也不一定比得上的(见图5-13)。

图 5-13　一般农民居住的房子

中下级住宅,可能是初到美国的同胞们最常租住的。在国内,我们熟悉的单元式住宅,基本都可以归为中下级住宅,它们的建筑面积大致在100平方米。中下级住宅一般没有独立车库,但室外一定有停车场,每家一个车位是必须得到保障的。中下级住宅不一定有私家后花园,即使各家自己围合起来一片园地,也相当狭窄,难以开展家庭活动。有时,几栋中下级住宅围合出一片公共绿地,配置一些活动设施,甚至配有游泳池,每栋十余户,数十户一个小型社区,生活起来也是很不错的。

这类住宅以两层居多,联排建设,可以一个开间一户,也可两个开间一户。也有三层,甚至四层的单元式住宅,大多一梯两户,当然,也有多层单元式住宅。这些住宅只有住户使用建筑面积大小不同,卧室多少不一,客厅宽窄的区别,但室外的共享绿化空间水平大致相同,这些居住区的建筑密度、容积率和绿化面积率都控制得很好(见图5-14至图5-23)。

图 5-14　单元式住宅

图 5-15　公司或企业的单元式住宅

图 5-16　围墙围合起来的社区

图 5-17　住宅区的标准停车位

图 5-18　社区服务点

图 5-19　大型住宅社区里被保护的几近原生态树林与水体

图 5-20　后花园以及游泳池

图 5-21　每居住单元一个开间两层的中下级住宅

图 5-22　联排式中下级住宅房屋用木板分隔的狭窄后院

图 5-23　新建设标准不高的大型住宅区

美国相当多的工薪阶层家庭就居住在这样的住宅里,他们的经济水平可能不一样,但还是能融洽相处。我们在盖恩斯维尔市,就临时租住在这种中下级住宅里,房屋面积几十平方米,门前一个停车位,室内两间卧室、一间厨房、一间卫生间、一间餐厅连着厨房、一间相当大的客厅,三口之家,还是相当安逸的。我们的邻居既有临时来美国暂居的三四口人的小家庭,有两人合租的学生,还有当地美国工薪阶层的家庭,甚至领取住房补贴的美国"穷人"也租住在这里,房租每月 500～800 美元,正好相当于美国当地符合领取住房补贴的穷困家庭所领到的住房补贴金额。我相当喜欢生活在这样的环境中,在国内习惯了邻居鸡犬之声相闻的住宅区,让我在近乎野外的独栋住宅里生活,还真会感到孤独,也会担心安全。四栋两层外廊式单元住宅围合起来了一个公共花园,花园里绿草茵茵、小径曲曲、橡树浓荫、灌木丛丛,不但座凳圆桌、烧烤炉齐备,尤为喜人的是,中间一座方方正正的室外游泳池池水清清,免费供街坊居民使用。

其实,再划分出一级"低级住宅"是比较困难的,它们与中下级住宅的区别,只在于室外环境。如像我们租住的房子,如果没有一处修整得整整齐齐的公用花园和游泳池,那是完全可以归于低级住宅的。不过,再低级的住宅,室内配有两间卧室、一间起居室、一间卫生间、一间厨房是必须的;室外,也必有一个标准停车位。周围的环境,经过居住者的改造,是可以得到提高的。在盖恩斯维尔市区偏东部有一处居住区,建造的是联排式单层住宅,每户建筑面积五六十平方米,可能是该市最贫穷居民的住宅。住在这里的居民,甚至连洗衣烘干机都舍不得用,但他们还是可能拥有自己的汽车。在美国，买一辆旧汽车相当便宜，两三千美元足可以买一辆。在盖恩斯维尔市，汽车并不用每年年检，只要车子能开、保险齐全、遵守交通规则，是不会有什么麻烦的(见图 5-24 至图 5-27)。

图 5-24 佛罗里达州的低级住宅

图 5-25 低级住宅里的居民在户外晾晒

图 5-26 大型低级住宅社区里的体育运动场所

图 5-27 老城区的低级住宅

在老城区里，可能有些高层或多层住宅应归于低级住宅之列，里面居住着租住多年的低收入居民。这些居民，可能数十年来长居此处，一直无力购买或租住更高级别的住宅，而政府和房主不能强迫他们搬迁，也不能随意加租金。这些住宅，要想改善户外环境、提高居住水平，是比较困难的，主要是因为老城区用地都各有其主，增加绿化用地几乎没有可能。

深究美国佛罗里达州的城市化率已经没有意义，城乡差别、工农差别、脑力劳动与体力劳动差别似乎也已经不是问题。农牧民的孩子们也会走向城市，因为农牧业生产的现代化、机械化使得劳动生产率一再地提高，他们一个一个地失去了用武之地，不得不走向城市中的第二、第三产业试图一展身手。当城市化进程进入成熟阶段，人们在第一、第二、第三产业间自由游走流动，城市化率就失去了它作为衡量社会进步、经济发展的标志性指标的功效。农牧民们的工作场地远远大于在城市从事第二、第三产业人们的工作场地，但他们却还是像先辈一样，居住在工作场地旁边，他们的住宅就在那里。这不仅是照顾生产的需要，也是因为那里自然环境太美，不舍离去。农牧民的住宅也可以分为五级，其中高级与次高级住宅的标准与前面所述别无二致，大农场主的庄园住宅与网络、矿业、电子界的超级富豪们所住的高级住宅是没有高低之分的。不过，普通农牧民的住宅还是有自己的特色的。农牧民们的住宅与其存放生产工具、产品的房屋一般是分开的，大多也都有围栏围合出的一个生活空间。家家通路，那是必须的，在美国，农牧民家庭离开汽车和机械，几乎无法生活与生产(见图 5-28 至图 5-31)。

图 5-28　佛罗里达的农场

图 5-29　农、牧民的生产场所与他们的住宅紧密相连

图 5-30　农牧民简单、舒适的住宅

图 5-31　米卡诺皮村的农家院落

美国的老年人，一般不太愿意和子女们同住在一起。富裕的老人，仍旧住在属于自己的住宅里；经济条件差些的老年人，可能宁愿自己租住在一套中级以下的住宅里，自由自在，只要儿女孙辈常来看看；鳏寡孤独，以

及生活难以自理的残障者、老年人，多选择去社会养老院居住。在美国，这种社会养老福利机构种类不少，规格也有差异，但居住条件一般都是相当不错的。我们租住的房子对面就有一家社会养老院，环境、交通都还不错，每位居住者都有自己独自的卧室、卫生间和一小间起居室。平时，他们可以在内院休憩，也可以坐在门外看大街上人来人往。养老院的医疗、娱乐、饮食服务齐全，时不时还会有志愿者来照顾他们（见图 5-32、图 5-33）。

图 5-32 社会福利院

图 5-33 社会福利院附近的公共交通站点

5.2 环境

5.2.1 大气与水体

先说说佛罗里达州的大气。第一次去美国只是新奇，第二次则是震撼，第三次才有体验、观察和思考。什么震撼了我呢？蓝天白云。已经不记得从什么时候开始，对蓝天白云竟失去了记忆，就连偶然看到的蓝天白云、晚霞、满天星星，带来片刻的惊喜也是稍纵即逝，似乎麻木的大脑已经习惯了这整日灰蒙蒙的天空。21 世纪头十年间的春夏之交，再到美国，多了几分从容，想慢慢感受。十几天过去，一天清晨，出屋晨练，一望无际的蓝天白云，突然震撼得我口呆目瞪，脑海中电影般闪过，尽是祖国曾经瓦蓝瓦蓝的天空中一团团白棉般的云飘来飘去，也有满天繁星的画面闪现。

第三次赴美时的从容，给了我逐日记录大气质量的耐心：两个月，四五个阴天，云雾缭绕，终又云开雾散；三天落雨，雨过天晴，两次雨后彩虹悬挂天空;四个黄昏,满天红霞,月明星稀,乌鹊南飞;除此,全是蓝天白云,星闪月移。这样自然、洁净的空气,在佛罗里达实属常见。这里并不曾经历19世纪的燃煤污染,也不曾经历20世纪的燃油污染,当然,这里更不曾经历过大规模超常规高速建设带来的开山辟地与扬尘污染。渐进、有序、可持续的城市化发展模式,使佛罗里达州远离环境污染之累(见图5-34至图5-39)。

图5-34 佛罗里达州的蓝天白云

图5-35 纽约的蓝天白云

图5-36 曼哈顿岛中心公园的蓝天白云

图5-37 圣·奥古斯丁的满天红霞

图5-38 盖恩斯维尔市市区的晚霞

图5-39 海边的晚霞

在佛罗里达大学规划建筑学院美籍华人教授彭仲仁的交通研究室里，摆放着几部观测空气质量的仪表，那是他们研究汽车交通对空气质量影响的基本设备。彭教授告诉我，盖恩斯维尔市对 PM2.5 的控制值是 10。我知道，世界上很多国家对 PM2.5 的控制值是 35，而在我所生活的武汉市以及国内的其他城市，包括北京，对 PM2.5 的控制值是 75。所以，在不同的地方，同样标榜空气质量为“良”，实际情况可能完全不一样。

我在佛罗里达州外出乘坐过一位来美访问学者购买的二手车，六七千美元，都快一年了，他却从来没有洗过车。一夜风雨过后，清晨，我看了一下这辆车的顶盖，尚未蒸发的水珠如同朝露闪着亮光，车身如洗，空气之洁净，可见一斑。他回国之前，要将这辆车转让出手，这才第一次擦洗了载他走南闯北一年的座驾，据说，卖了 5000 美元。在佛罗里达州，我一直在期盼着一场大雾，我想看看美国的雾霾。天公作美，就在我准备启程回国的前三天，盖恩斯维尔市区一场大雾不期而至。清晨八点，盖恩斯维尔市西部教堂接送旅美华人去参加礼拜的白色专车停在居住小区街口。出门迎面而来的浓雾模糊了视线，一行人一登上车，白色面包车在大雾中以每小时 60 公里的速度驶向教堂。八点半，盖恩斯维尔市最大的西部教堂，在大雾中虚无缥缈。进入门厅，祈祷室早已准备好了早餐，礼拜活动九点准时开始。一个半小时后，唱诗、分享、洗礼、布道在如同嘉年华一般的欢乐庄重气氛下告一段落。当我在互致爱心和祝福中步出大厅，走出门外，再看这座典雅、质朴的哥特式尖顶教堂，已经在飘着白云的蓝天下洁白如洗(见图 5-40、图 5-41)。

图 5-40 大雾弥漫中的西部教堂

图 5-41 云开雾散后的西部教堂

再说说佛罗里达州的水体。佛罗里达半岛三面被大西洋海水包围，近海许多居民点建在人工与天然相结合形成的岛链上。岛链外是浩瀚的大海,岛链内则是人工或天然的内河和湖泊。河湖岸边,或林木茂盛,或住宅相连,是人们居住和生活的好去处。蔚蓝的大西洋是这些河湖的天然蓄水库,因此,这些河湖不但水位稳定,而且水质上乘。重要的是,这里的人们极其爱护属于自己的水体,绝不会去污染它们,而各家的游艇也就在河湖中停泊、行驶,污水和污物绝不会排放或弃置其中,而是另有专门的排放渠道。有时,天然或人工河道可能向半岛内延伸很远,自然降雨、地面径流便成为水体的主要水源。佛罗里达州全部的土地,只要不是刚犁起待种的耕地,是见不到裸露土的,因此,流入河流湖泊的水质几近地下水。美国的大江大河也会被开通为航道,巨轮来来往往,但佛罗里达半岛上似乎没有供航运交通使用的河道。当然,即使有通航巨轮的水道,水体水质也差不到哪里去,原因是一样的:生活和工业污水如果处理不到位,水质不达标,排放到河湖之中是犯法的,会面临巨额罚款。其实,百十年来爱护环境,遵纪守法的道德观与普适价值观业已形成行为的习惯,保持水质达标早已不是问题(见图 5-42、图 5-43)。

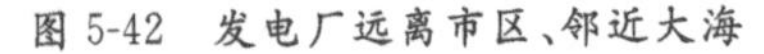

图 5-42 发电厂远离市区、邻近大海

图 5-43 居民区的水体

在佛罗里达州乡村,田间,林中,自然水体的保护自不用说;就是在城市建设用地内,保护好自然水体,似乎也是设计师和开发商的共识,大家都明白,自然水体是上天赐给当地人民的珍珠、眼睛和双肺。阿拉楚阿县位于佛罗里达半岛内陆,县政府所在地盖恩斯维尔市更在内陆中央。盖恩斯维尔市城郊分布着大大小小的水体,湖泊、水塘到处都是。盖恩斯维尔市东郊,出城不过 10 公里,就是浩浩荡荡的纽纳斯湖,两万余亩的水面清波荡漾,岸边林木茂盛,水上飞鸟成群,水下鳄鱼出没,林间野兔、野鹿时有所见,这里是盖恩斯维尔市民郊游的好去处。从佛罗里达大学体育馆驾车出发，沿着441号公路一直向南，出城十余公里，左拐穿过一片树林，就会望见一汪不大不小的湖面，被浓密的橡树林包围其中，那是政府划归学校管理，专供大学师生划船、游泳和晒日光浴的天然湖泊——沃贝格湖。至于市区学校里面的爱丽丝湖，面积更小，但却是作为佛罗里达大学标志的短嘴鳄鱼栖息之天堂。

盖恩斯维尔市居住区内，面积更小的水体，恐怕只能称为“池塘”，但依然是那样的自然、妩媚、清澈、亲切。池塘岸边大多有百年大树，枝叶茂盛，绿油油的草地铺满四周。湖水里的家禽野鸭，谁也分不清哪群是家养的，哪群是野生的。不远处的住宅可能是独门独户，也可能是连体住宅，还可能是单元式楼房。无论哪家，保持湖水的洁净，早已成为约定成规的习俗，完全不用担心湖水可能被污水、杂物所污染。湖水的涨落主要靠天降雨水，偶尔也采用人工注水(见图5-44至图5-51)。

图5-44 坦帕市港口码头的水面

图5-45 自然与人工形成的河道

图5-46 圣·奥古斯丁市中心的水面

图5-47 盖恩斯维尔城外的沃贝格湖

图 5-48 盖恩斯维尔市区中的自然水体

图 5-49 圣·奥古斯丁教堂旁的湖水

图 5-50 盖恩斯维尔市中心西南住宅小区内的原生态水面

图 5-51 人工开凿的河道

5.2.2 动物与植物

动物,是人类的朋友,与人类共同享有大自然恩赐的权利。佛罗里达半岛西海岸面临墨西哥湾,半岛西北部的河流蜿蜒流向海湾,入海口布满湿地、沼泽。那里耐盐碱植物生长茂盛,树干光滑的高大乔木在两岸滩涂湿地密密麻麻,形成各类海鸟栖息繁殖的绝好家园。这些海鸟在浅海里有取之不尽的食物,人们最多来此钓钓海鱼,绝不会打扰海鸟们悠闲、自由的生活。盖恩斯维尔市区南部十几公里处,有一大片湿地,一眼望不到边。湿地草木茂盛,鸟类成群。两栖类动物和一些昆虫自在地到处出没,人们驾车从湿地中穿越而过,可以停车驻足,观察或欣赏它们活泼、可爱的身影。

大大小小的湖泊岸边,高高低低的山丘上面,宽宽窄窄的公路两旁,全是浓密的植物；野兔、野鹿、野猪等动物常在林间出没。黄昏，在林间公路开车行驶，冷不丁会窜出一头迷迷瞪瞪的小鹿或小猪，要是不小心，就可能撞上它们。就连房屋的后花园，也时常有野鹿或野兔光临。这些温顺的小动物可能破坏花园中的观赏植物，但人们却不可以伤害它们，否则动物保护组织可能会找上门来的。

至于松鼠、鸽子、麻雀，甚至鸡、鸭、鹅群，在大街小巷、树林广场，随处可见。短嘴鳄鱼性格温顺，个头不大，在佛罗里达州享有特殊的待遇，它们在湖水里潜游，还不时结对爬到岸边的石头上闭目养神。尤其是佛罗里达大学校园里的爱丽丝湖，是公认的短嘴鳄鱼们的乐园，与爱丽丝湖一路之隔的草地木房子便是著名的蝙蝠之家。傍晚，成群结队的蝙蝠从小木屋中飞出，遮天闭月，蔚为壮观(见图5-52至图5-57)。

图5-52　天鹅在蓝天中翱翔

图5-53　海鸟栖息在高大的树木上

图5-54　爱丽丝湖中的短嘴鳄鱼

图5-55　悠闲、自得的鹭鸶

图 5-56 随处可见的小松鼠

图 5-57 超市停车场上阵阵鸥群

置身在佛罗里达半岛郁郁葱葱的热带植物之中,宛如回到了中国的海南岛,高高的棕榈、椰树、槟榔,形形色色的低矮蕨,间或还有松柏、杉树、苏铁不时会出现在眼前。

在佛罗里达州,花园中的花卉、观赏灌木,是可以自由选种的。但门前屋后的乔木,还有院外的所有植物,无论是高大的乔木、蓬松的灌木,还是低矮的花卉、铺地的蕨类植物,只可以打扫它们落下枝叶,却不能任意砍伐或破坏它们。佛罗里达州的植物是自由生长的,那么能形成大片大片原生态的绿地,也就不足为奇了(见图 5-58、图 5-59)。

图 5-58 佛罗里达大学校园里的百年老树

图 5-59 盖恩斯维尔市近郊的湖滨绿地

5.2.3 植被与土地

佛罗里达半岛地势平坦,沙土肥沃,气候湿润,农作物、果木丰富,不像中西部地区,到处是戈壁荒漠、崇山峻岭。驱车从洛杉矶前往拉斯维加斯,沿途荒凉的戈壁滩、光秃的山岭土丘,连绵千里,间或突兀地冒出一座小城，会让人以为那是海市蜃楼，其实不然，那是美国人民改造荒滩、移民创业的居民点，世界赌城拉斯维加斯不就是在戈壁滩上发展起来的一座绿意盎然、高楼林立的美丽城市吗？但在佛罗里达半岛，插根树枝就能长成一株大树的地方，人们能容忍大地上有裸露土出现？绝对是不能的。

在佛罗里达州，无论是在公园还是在住宅区的绿地里，被保护下来的高大乔木，与人们精心种下的植物相得益彰。目所能及的空地上，被乔木、灌木、花卉与草皮铺满，连树干下需要通气、漏水的土体上也用满满的木屑盖着，避免扬尘。没有裸露土，即使刮大风，也扬不起尘土，空气的洁净得到了有效的保障(见图 5-60 至图 5-63)。

图 5-60 佛罗里达州没有一片裸露土

图 5-61 美国中西部的荒山戈壁

图 5-62 戈壁滩上的低矮灌木和仙人掌

图 5-63 树根处土体全用木屑覆盖

乘飞机穿越北美大地，俯视下方，看到的也许是城市，也许是高山，也许是浩瀚的水面，也许是茂密的森林，都不为奇，唯有看到农民们在精心打理自己的土地时，不能不动容。他们是在绘画，他们是在绣花，他们利用着土地，也在保护着土地，他们为土地奉献，也从土地得到丰厚的收获(见图 5-64 至图 5-67)。

图 5-64　盖恩斯维尔市郊的湿地

图 5-65　从天空俯视美国农民耕作的土地

图 5-66　机械化种植

图 5-67　牧场

6　文化与体育

6.1　文化

去教堂做礼拜，是美国人民最重要的文化活动之一。在美国，没有宗教信仰的人不多，而且大多数人信奉基督教。一个初到美国的异乡人，遇到的第一个热情攀谈的人，大多可能是一位笃信基督教的教徒。教堂——教徒们定期做礼拜的圣地，遍布佛罗里达州的城镇和乡村。盖恩斯维尔市西部教堂是这个城市最大的教堂，离它不远处则有一所很小的、毫不起眼的华人教堂，这两所教堂都是华人常去做礼拜的地方。每周六定期举行的礼拜，是虔诚的基督徒们不会缺席的仪式。西部教堂的礼拜活动庄严、活跃、喜庆非凡。为唱诗班伴奏的鼓乐队极其专业、恭敬、一丝不苟，唱诗的儿童和成人个个正装打扮，呈现给耶稣与信徒们悦耳的、动人心扉的赞美诗歌。如果当天有新教徒需要洗礼，那氛围更是严肃、庄重。随着牧师激昂的布道声，教徒们一一向主奉献。礼拜后的讲经、感恩，可以将这一天的文化活动导进静静的读经、颂诗、思考和检讨中，进而升华到普世价值观的培育里（见图6-1至图6-4）。

图6-1　佛罗里达州最大的华人教堂——珊瑚泉浸礼教堂

图6-2　小城中心区的教堂

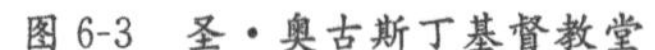

图 6-3　圣·奥古斯丁基督教堂

图 6-4　圣·奥古斯丁市其他宗教建造的教堂

在美国,参加文化活动的另一场合是各类博物馆、美术馆和图书馆。佛罗里达州几乎每个城市都有自己的博物馆、美术馆和图书馆,来展示历史文化和人类文明的发展,供市民自主地学习,享受文化的熏陶。佛罗里达大学散发出的科学、文化气息,熏陶着盖恩斯维尔市,熏陶着阿拉楚阿县,甚至熏陶着全美国,文化的传播是无边界的。佛罗里达大学的博物馆、美术馆、图书馆,甚至体育馆,都是为盖恩斯维尔市全体市民服务的,都是为阿拉楚阿县人民服务的,都是为来到这里的人们服务的,因为科学、文化的传播是无私的。每个星期五的晚上是佛罗里达大学学生活动之夜,每个学生都可以带上自己的亲朋好友去参加。看电影,听音乐,欣赏演出,练习舞蹈、瑜伽、太极,玩游戏,连夜宵也是免费的。

大规模的博物馆、美术馆可能聚集在大城市。譬如在华盛顿,那里任何一个博物馆、美术馆都能让人流连忘返。纽约的美术馆非常吸引艺术爱好者,那里有多得让人吃惊的世界各地的艺术作品。华人则可能特别喜爱华盛顿的国家美术馆,因为这个现代派建筑本身就是一件世界级的艺术作品,而它的设计师是美籍华人贝聿铭,一位故乡在苏州的江南才子。走出美国国家美术馆,穿过时光隧道,就到了一座巨大的看起来像石砌的建筑物前,那是美国国家航空航天博物馆。美国国家航空航天博物馆里面的气氛与它街对面的国家美术馆完全不一样:一处人流如潮,一处闲庭信步。但有一点两者完全相同:人们在陶醉,在欣赏,在思考,也在被熏陶。一边的人们在梦想着成为科学家,一边的人们在梦想着成为艺术家(见图 6-5、图 6-6)。

在遥远的夏威夷,那坐落在福特岛的珍珠港事件纪念馆,也是对人们进行历史、科学与文化熏陶的场所。这座建立在当年被日军炸沉的战列

图 6-5 华盛顿的国家美术馆

图 6-6 华盛顿国家美术馆内部

舰“亚利桑那”号的主甲板上的白色枕状建筑物内陈列着当年美军阵亡将士的名单，挂有各种图片和实物，让人感受到历史中那一瞬间的震撼与沉思（见图 6-7、图 6-8）。

图 6-7 夏威夷火箭、导弹展示基地

图 6-8 珍珠港事件纪念馆

其实，教化、启迪、熏陶人们的操守，培育人们的普世价值观的展览随处可见。车站、写字楼，连坐落在纽约的联合国总部大厦也会不时举办各种展览，让来自世界各地的人们观摩、欣赏。就连矗立在联合国总部大厦门外的雕塑、破损的地球、打结的手枪，也在警示着人们要拒绝战争、保护环境（见图 6-9 至图 6-12）。

图 6-9 费城的历史博物馆

图 6-10 联合国总部大厦

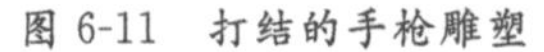

图 6-11 打结的手枪雕塑

图 6-12 破损的地球

歌舞升平、狂欢,购物,可能是另一种类型的文化生活体验与享受。一百多年前,在荒凉戈壁滩上建立起来的拉斯维加斯,不就是当年那些矿老板和矿工们歌舞狂欢与博彩圆梦的乐园吗?如今,每年数千万来自世界各地的人们,来此就是为了一睹美国文化的风采,一试自己的博彩手气。只不过,拉斯维加斯的城市更加流光溢彩,建筑更加光怪陆离,歌舞也更加狂热劲爆。拉斯维加斯威尼斯商业街的仿真天幕,骗过了多少人的眼睛,让人以为时光流去,但黄昏永驻。大街上的海盗船,英雄救美的老套表演,搭配炫目的烟火,震耳欲聋的声响呼应着观众流水般的尖叫。大舞台上依旧是百老汇那套逗乐、欢庆、杂耍、盛装,外加些许典雅的节目。走在热闹的步行街夜市,天幕中突然飘起星条旗,同时空中响起“星条旗永不落”的乐曲,现场一切活动戛然而止,凝固静穆,让人感受到的同样是爱国主义的教育与感染(见图 6-13 至图 6-18)。

图 6-13 拉斯维加斯的夜生活

图 6-14 拉斯维加斯威尼斯商业街的仿真天幕

图 6-15 拉斯维加斯仿真天幕下的水城

图 6-16 拉斯维加斯商业步行街夜市

图 6-17 商业步行街临街舞台表演

图 6-18 展示美国骄人历史的场景

6.2 体育

佛罗里达大学每年都会举行的全美大学生运动会(有橄榄球赛、美式足球赛、篮球赛等),无疑是这座城市全民的体育狂欢节。其实,更为日常的体育活动在盖恩斯维尔市各类运动场馆、健身房中开展,还有一些在大学湖、林间小道上开展。在这里,我想谈谈打高尔夫球和乘邮轮出海这两项特殊的体育活动。

盖恩斯维尔市有大大小小好几处高尔夫球场,西部高尔夫俱乐部大概是最大的一个。天气晴朗,带上成套的球杆,去到绿草如茵的高尔夫球场打一场高尔夫球,无疑是一个不错的选择,这样的好天气,在佛罗里达州确系平常。带上一家老小,或者呼朋唤友,去打高尔夫球,并不需太多的准备,也用不了一天的工资。挥杆击球,走走停停,心情时紧时松,只要不是参加比赛,其实是很轻松的。

孩子们、姑娘们、新手们初学打高尔夫球是不一定要去正式场地,还是在击球练习场练练击球更加经济实惠些。当然,在击球场一样可能练得腰酸腿痛、汗流浃背,因为不仅要练习使用各种型号的球杆击球,还要追求球打得足够高、足够远、足够准,那不但有趣、吸引人,而且很费劲。至于挥起球杆、连球都打不着的朋友,倒不如先熟悉一下对球杆和高尔夫球的把握,在自家的庭院里对着击球练习器练练腕力与眼力,进而再去练习场旁边的小小推杆场一试身手(见图 6-19 至图 6-22)。

图 6-19　盖恩斯维尔市西部高尔夫球场

图 6-20　新手练习的推杆场

图 6-21　绿草如茵的高尔夫球场

图 6-22　人们在绿草地上挥杆练习击球

初与美国朋友埃尔夫妇谈起想乘船出海,他们热情地提出要带我们去乘自家的游艇出海钓鱼。驾游艇出海的是埃尔先生的弟弟小埃尔先生，他虽年近古稀，却还在管理自己的养马场，埃尔先生告诉我，他的弟弟和弟媳都非常喜欢马。游艇是小埃尔家的，但从小埃尔家的牧场去到停靠游艇的小河码头，还要驱车将近一个小时。在佛罗里达州，出海钓鱼是要登记缴费的，好在买证缴费的管理处就有各种钓鱼器具和钓饵出售，价钱也不贵。小埃尔先生体魄健壮，戴一顶牛仔帽，酷似美国的一位总统。解缆、发动、驾驶，他一人承担，虽然有些累，但他看起来很是享受驾艇出海这项活动。一船四五人，一会儿垂钓、一会儿甩杆、一会儿拉网，不管鱼多鱼少，倒也出汗多多。海钓归来，一顿海鲜大餐自是不可缺少，其实，盘中鱼倒未必都是自己所钓，只是这驾游艇出海垂钓的乐趣却是妙不可言（见图 6-23、图 6-24）。

图 6-23 体魄健壮的小埃尔先生

图 6-24 小埃尔先生驾驶游艇载我们出海

乘邮轮出海又是另一种享受。刚进入邮轮码头出境大厅，会觉得是在出境旅游，实际上就是如此。登上巨大的邮轮，就踏上了到异域他国登陆、购物、游览、参观的行程。美国签证的护照，在其他国家也能够畅行，这是国与国之间的信任，也是互惠（见图 6-25、图 6-26）。

图 6-25 坦帕市邮轮码头港口大厅

图 6-26 邮轮上有来自世界各地的人们

旅游本来就是一项锻炼身体的运动,而乘游轮出海是多项健身运动的组合。出海的邮轮上,最聚集人气的地方甲板上碧波荡漾的游泳池。无论昼夜,游泳池总是人声鼎沸,其两侧廊道上的桌椅处也总是没有空下来的时候,那一层一层由低向高升起的平台上,总有满满当当躺在躺椅上晒太阳的男男女女、老老少少(见图 6-27、图 6-28)。

图 6-27　邮轮甲板上的游泳池

图 6-28　邮轮甲板游泳池两旁的座位

邮轮一般都是夜行日靠,每到朝阳初升,它就来到了一个新的国家、一座新的城市、一处新的旅游目的地,码头上也早有穿戴当地民族盛装的少男少女载歌载舞,欢迎邮轮上各地各国朋友们的到来。乘客从邮轮上鱼贯而下后,可以乘坐各种陆上交通工具去到陌生的异域开始神秘、刺激之旅。异域的大海沙滩也许并没有什么特别,但人文与风情绝对不一样,连人们陌生的语言和好客的面孔也显得那样独特与感人。异域的山山水水也许是与故乡的山水一样清透,但那里的古建神庙定然具有别样的神秘与新奇(见图 6-29 至图6-34)。

图 6-29　乘邮轮到达异国他乡

图 6-30　异乡他国好客的人民

图 6-31 等待的客车接送客人去迷人的景区

图 6-32 墨西哥玛雅文化遗址

图 6-33 异国他乡的洁白沙滩

图 6-34 南美海滨小城的滨海路

傍晚一定得回到邮轮上，不然会误了邮轮拔锚起航的时刻。邮轮上的自助餐厅 24 小时提供美味佳肴，随时恭候客人的光临。不但晚餐，就连早餐与午餐也同样丰盛。不过，只有从容的美食家，才有可能在主餐厅享用到一顿美味大餐。主餐厅的正餐在傍晚开始，就餐者必须穿戴整洁、正装出席。在主餐厅进餐，环顾四周，就餐者都彬彬有礼、文静高雅，好像来自巴黎名家闺秀在丈夫的陪同下，来此参加宴会，餐后要去剧院欣赏莎士比亚的歌剧。是的，晚餐过后，邮轮上欢乐的人们首选的去处便是大剧场，那里上演着欢乐的歌舞，逗乐的小品，迷人的杂耍，高端、大气、上档次的交响乐与独唱，与拉斯维加斯百老汇的演出相差无几(见图 6-35 至图 6-38)。

当然，体能旺盛的年轻人也自有他们的去处。下场跳起迪斯科，游泳池来个蛙游或蝶泳，健身房翻杠跳马，或者到甲板推球跳跃，十分洒脱。有人恰逢知己，相约酒吧，浅酌慢饮，叙叙相见恨晚的情深谊长；也有人急不可耐，早早跑到设在底层富丽堂皇的赌场，小试手气，或者通宵达旦、金银满满、欢声笑语、回仓就枕，或者口袋空空、垂头丧气、整夜难眠，要的就是这份刺激(见图 6-39 至图 6-44)。

图 6-35 邮轮上的自助餐厅

图 6-36 邮轮上的主餐厅

图 6-37 富丽堂皇的邮轮大厅

图 6-38 邮轮上的演出

图 6-39 邮轮上的健身房

图 6-40 邮轮上的酒吧

图 6-41　歌舞升平的邮轮甲板

图 6-42　邮轮上的赌场

图 6-43　邮轮晨读

图 6-44　邮轮练球

7　医院与学校

7.1　医院

美国的医疗费用很高的，但对于低收入人群，却是相当低廉的，其目的是使每个人都能看得起任何病。美国的医院可以分为公立医院、私立非营利性医院和私立营利性医院三类。第一类医院由联邦政府、州政府或县政府创办，收费低廉，再穷的人都可以在那里得到很好的医疗，其中富人全交，穷人可以缓交、分期交、减交，特别穷的人则可以免交；第二类医院多由慈善机构创办，收费同样低廉；第三类医院属于私人或企业出资创办，收费相当高昂，许多专科医院，如牙科医院，几乎都是私立的。在美国就医，除了挂号费，有时还有门诊检查费，一般医院是不能先收钱的，特别是急症、重病，一定是先行治疗，出院后，医院再寄给患者医疗费用单，催交医疗费和药品费。当然，并不是任何人都可以申请减免医疗费，只有穷人才可以，例如在佛罗里达大学领取奖学金的外国硕士留学生，每月1000多美元，甚至博士留学生，每月2000多美元，都属于穷人。所以，外国留学生喜欢在美国生孩子。盖恩斯维尔市的一般人家在医院生孩子，所需费用一般在1万美元以上。而作为穷人的留学生接到这样昂贵的费用单是不用着急的，因为可以全免。不过，美国人还是习惯按自己的情况购买不同的医疗保险，以应付昂贵的医疗费用。

盖恩斯维尔市虽然只有十几万人，但它是拥有30多万人口的阿拉楚阿县首府，又是佛罗里达大学所在地，医疗资源比较丰富。盖恩斯维尔市市区有两所大型公立医院，一所属于佛罗里达大学的附属医院，一所属于军队。这两所公立医院服务的范围很广，遍及美国东南部好几个州，前者服务于所有人，后者则只服务于军人及其家属。由于它们服务的范围广，所以有自己的医疗飞机接送患者，每天都可以看到那种特别的直升机在这两所医院自己的停机坪上起起落落。

不过，人们并不是总去这种大医院看病：一来是在那里看病得预约，不是随到随看；二来是距离有点远，不太方便，何况对于一般疾病，去小医院、社区医院就诊也是一样的，除非是专科或者大病，否则人们还是喜欢就近医疗；三来就是小的社区医院分布很广，再加上买了医疗保险的人，会有家庭医生上门服务，所以一般情况下，人们不会去大医院排队看病（见图 7-1 至图 7-4）。

图 7-1 盖恩斯维尔市的医药商店

图 7-2 盖恩斯维尔市其中一所大型公立医院

图 7-3 佛罗里达大学附属医院停机坪

图 7-4 提供医疗服务的社会福利院

社区医生和家庭医生开出用药医疗单后，患者拿着医生开的处方，自己去药店登记买药。美国的药店很多，甚至有的超市里面也附设有医药专柜。医、药分离，医生不可能给患者过度治疗，开贵重药。如果医生随便开药，收受病人和药商的回扣，那是很严重的职业道德问题，一经发现，处分相当严重，可能终生失去从医资格。

7.2 学校

年轻时,学习从苏联翻译过来的城乡规划原理,记得以学校分布确定住宅区规模的原则,留下了深刻的印象。规划的每一个街坊都不大,由生活性次干道围合,居住数千人,设有一两所幼儿园或托儿所,孩童上下学不需要穿越马路;三四个街坊组成一个居住小区,小区由主干道围合,小区内设置一两所小学,小学生上下学也不需要穿越交通量大的交通性主干道;而三五个小区组成一个居住区,每个居住区设有一两所中学。这种理想的幼儿园、小学、中学的布局,不知在苏联是否得到了实现,但据说在有的国家基本实现了。

美国大多数州实行十二年义务教育,也有的州实行九年义务教育。义务教育阶段的责任由中小学承担,但幼儿教育的费用是要家庭承担的,而且很贵,这是由美国人提倡亲子抚养的理念决定的。义务教育由称为"学区"的行政区划单位实施和管理。学区主要依据州、县、市、镇的管辖范围划定,也有略有超出的,这主要看如何方便孩子们就近入学。

佛罗里达州地域辽阔、居民分散,学区实行城乡一体化就近入学,大多数学生离家远,不能回家吃中饭,学校就提供免费的午餐,有的象征性地收取一元左右的午餐费,早餐一般是免费的营养餐。学区都有自己的专用校车早晚接送学生。美国的校车采用全国统一标准,个头大、质量大、重心稳,安全第一。橙黄色的校车早晚出行,享受优先路权,是美国交通一道独特的风景线。校车也保障了每一位在美国的适龄少年就近入学,使得那里的义务教育得到切实的落实(见图 7-5 至图 7-10)。

图 7-5　学校的操场

图 7-6　学校升旗仪式

图 7-7 早晚接送学生的校车

图 7-8 学校周边避免邻近交通干道

图 7-9 部分学生由家长接送

图 7-10 学校教室都有连廊相连

在佛罗里达州，社区大学很普遍，属于两年制的大专教育。在社区大学修满学分，可以就业，也可以转入四年制的公立或私立四年制大学继续修满本科学分。无论社区大学或是四年制大学都是要收费的，而且学费不菲，少则每学年数千美元，多则两三万美元。不过，大学生都可以申请无息贷款，待他们毕业工作后用工资偿还。这样的教育体系，保证了每位青少年学习的条件和权利，因此，基本不存在无力缴学费而辍学的现象，填补了美国人才培养的漏洞，最大限度地发挥了那里的人才优势(见图7-11、图 7-12)。

图 7-11 佛罗里达大学建筑设计与规划学院

图 7-12 夏威夷大学土木学院教学楼

8 历史与保护

故乡，是文化传承的灵魂；城市，是历史文明的见证；建筑，是凝固的音乐，是永久地展现人类智慧与创造的结晶。城市是发展的生命体，人们应该像敬畏生命一样敬畏城市，要像保护生命一样保护城市。要想了解自己的祖国，得先了解自己的家乡，要想了解自己的民族，得先了解自己的祖先。如果不了解它们，就难以产生深深的热爱，如果不热爱它们，就难以体会快乐、动力和创造。了解自己的家乡和祖先，要从祖先在家乡遗留下来的历史文化遗产去着手。这些历史文化遗产在当代小说里面吗？未必。在历史书里面吗？也未必。它可能就在流传下来的绘画、器具、戏剧、手艺、饮食里，也可能就在流传下来的雕塑、住宅、庙宇、会馆、里弄、街道、园林、桥梁、古树里。我们留存了它们，就是留存了历史、文化、记忆，就是留存了祖先的智慧、荣耀、骄傲。这一切，是永恒的无价之宝。完整地留存这一切，就要保护我们的城市和乡村，让它们得以稳步地、健康地、可持续地发展。这就需要我们理性地保护文物古迹，保护历史建筑，保护现代、当代代表性建筑，保护古树名木，保护纪念胜地，保护历史遗迹，保护自然遗迹。

佛罗里达州许多城市和乡村，到处都洋溢着朝气蓬勃的现代化气息，也处处流淌着历史的灿烂光辉与祖先的丰功伟绩。盖恩斯维尔市市中心游园里的城市守护者圆雕、静静地矗立在现代展览馆旁边的百年住宅、安详地躺在佛罗里达大学校园草地上捐献建校的校友铭牌，都在向人们展现真实的城市文化与历史。这样尊重历史、尊重文化、尊重祖先的自觉意识也许本身就来源于美国人的欧洲祖先。要不然，第二次世界大战中，盟军轰炸科隆，为什么炸毁了铁路、桥梁，却留住了科隆大教堂？要不然，战后德国重建科隆，为什么建筑、教堂、桥梁都要按原样恢复？要不然，法国巴黎人发展、扩建巴黎，为什么不动老城分毫，执意到城外另选新址，建起拉德芳斯？这一切只有一个原因：人们爱护、尊敬自己国家的历史、民族的文化、祖先的伟绩，因为他们知道，这是他们的财富、荣耀和骄傲（见图 8-1 至图 8-6）。

图 8-1 盖恩斯维尔市中心的城市守护者圆雕

图 8-2 现代化展览馆旁边的住宅

图 8-3 佛罗里达大学里的校友铭牌

图 8-4 没有被战争摧毁的科隆大教堂

图 8-5 战后重建的德国科隆大教堂及其周边的桥梁

图 8-6 巴黎新城——拉德芳斯

8.1 历史文化名城圣·奥古斯丁

圣·奥古斯丁市是佛罗里达州圣·约翰斯县首政府所在地,土地面积33平方公里,人口不过15000人,但她恐怕是佛罗里达州最早建立的城市,也是最古老、最负盛名的城市。公元1565年,西班牙人来此定居,1672年开始建设海防要塞,1822年正式设市。那之前,圣·奥古斯丁是原住民印第安人祖祖辈辈出海捕鱼、林间狩猎、田间耕种的地方。对比起中国历史,会令人非常感慨:西班牙人登上佛罗里达半岛这片荒凉的土地时,中华大地正是繁华的明朝嘉靖年间;那里建起几百亩的小小海防要塞,保护不过一两平方公里面积的居民区时,明朝已经在南京修建了35公里长的城墙,保卫着近80平方公里的一个大都会。但如今,不过4平方公里的圣·奥古斯丁老城区弥漫的骄人文化、悠久历史、温馨生活却是在中华大地上难以寻觅的。虽然这座城市的历史只不过400余年,但400年间她的发展有目共睹,她的浓浓乡情令人感动。

在圣·奥古斯丁市33平方公里的城区,豪华住宅,现代化楼房、工厂、农庄并不在这仅有4平方公里的老城区里。但,最迷人、最感人、最动人的去处,却一定是在这老城里。最令人痴迷与陶醉的是,在那一栋栋数百年前的建筑里,穿戴时髦的人们,悠然自在地享受着高度现代化的生活。

早饭后,从盖恩斯维尔市的佛罗里达大学驱车西行,到达圣·奥古斯丁老城区内,已是下午时分。汽车停在与西班牙风格大教堂隔路相望的百年饮食小店前,品着浓浓的卡布奇诺咖啡,慢慢吃着特味甜点,看着街道上各色轿车与马车并行的奇观,仿佛回到了数百年前。

穿过大街小巷、学校、教堂、古堡街店,再转到大教堂,只不过两个多小时,已近黄昏。突然,西边的天空异色突变,渐现霞光,瞬间,满天赤红映照着橙红雪白相间的西班牙风格的古老建筑和历史街道,让人忍不住"咔嚓"按下照相机的快门,记录下这天地古今和谐交融的时刻。

第二天,要细细品味这座迷人的城市,还得回到那座西班牙式建筑风格的大教堂广场前,因为这座城市最古老的博物馆、学校都在这广场的周边,而且,它们的建筑风格如出一辙,仿佛是同一个建筑师设计、同时建造的一般。邻近这个广场，有一处百年小游园，游园里矗立着这座城市守护者的墓碑，还有当年的大炮，游园对面是尖尖的古老教堂、古老街巷和同样古老的民房。

这里还不是这座城市最早的城区，更为古老的民居、教堂、学校、墓地、碉堡，还在东边。再向东走去，略为狭窄的街道、低矮的住宅、不大的旅馆、便宜的饭店，还有那肃穆的教堂、静静的墓场、马车、古树……一一呈现在人们眼前。静下心来，仔细地聆听和体会，享受着历史和文化的浓浓熏陶，让人不由得醉了(见图 8-7 至图 8-14)。

图 8-7 圣·奥古斯丁的日落

图 8-8 圣·奥古斯丁城中西班牙风格的建筑

图 8-9 早年守护圣·奥古斯丁的小小海防要塞

图 8-10 圣·奥古斯丁西班牙风格大教堂

图 8-11 圣·奥古斯丁小巷深处

图 8-12 坐落在圣·奥古斯丁市中心区历史悠久的民居

图 8-13 环绕一汪湖水的民居

图 8-14 圣·奥古斯丁某个街角小酒馆

图 8-15 圣·奥古斯丁的城市守护者墓碑

图 8-16 圣·奥古斯丁老城区古老的教堂

8.2 小县城萨拉索塔

萨拉索塔市是佛罗里达州萨拉索塔县县治所在地,位于佛罗里达半岛西海岸,面临墨西哥湾,被誉为“温馨浪漫之都”。它是一座冬暖夏凉,碧水围城,四季常青,安详、宁静、充满浪漫和诗情画意的海上城市。虽然这里沙滩洁白、风光迤逦、气候宜人、商业繁华、艺术迷人、运动多彩,但更令人向往、敬重,也最令这座城市骄傲的,是她的灿烂文化与厚重历史。车过大桥,首先映入眼帘的是挺拔的热带棕榈、高高的米色楼房、远远的白色海滩,还有绿树丛中的世纪之吻雕塑。进入市区后,建筑渐渐低矮下去,绿色热带植物渐渐多了起来,层层叠叠,到处都是,街道上车水马龙,热闹起来,引导人们去历史文化街区的指路牌也频频出现。进入历史文化街区,仿佛回到了久远的年代,放眼望去,南美欧式住宅、教堂、百年老屋、窄窄的街道、矮矮的沿街商铺店面,令人目不暇接。别看店面低矮,却同样灯火辉煌;别以为饭馆不大,美食佳肴却是独具特色。进入琳琅满目的商店,所卖商品竟件件焕发出艺术的风韵。点几样风味海鲜,要一瓶冰镇啤酒,来到店门前摆放在人行道的餐桌边慢慢品味,是这里临街晚餐的传统风情(见图 8-17 至图 8-20)。

图 8-17 萨拉索塔市区街道上的指路标牌

图 8-18 临街晚餐

图 8-19 三栋不同时代修建起来的建筑

图 8-20 萨拉索塔老街街头的古典城雕

来到这座有着厚重历史文化氛围的城市,一定不要忘记去到约翰·瑞林博物馆一饱眼福。约翰·瑞林博物馆拥有好几栋历史悠久的建筑,都坐落在欧洲古典式花园之中。在博物馆展厅里,可以看到珍贵的绘画作品,欧洲的各色古董,亚洲各国的艺术珍品,还有形形色色的现代派、先锋派艺术家的代表作。可也别忘记了欣赏那里满园的植物和随处可见的天使圆雕,它们可能都记载着悠久的历史,诉说着古老的传说。还有那座面临宽阔水面,具有西班牙混合建筑风格的博物馆主建筑,近百年来,她一如既往,仍是那样典雅、华贵,她本身就是一尊艺术雕塑,就是一本历史文化教科书,就是一座城市的记忆。坐在她那面临大海的平台上的遮阳伞下,望着西天的落日,仿佛能听到四五百年前,西班牙船队上的海员远远望见这片神奇土地时激动的欢呼声(见图 8-21 至图8-24)。

图 8-21　约翰·瑞林博物馆

图 8-22　与约翰·瑞林博物馆一路之隔的剧院、图书馆

图 8-23　瑞林博物馆庭院里的小叶榕树

图 8-24　极为精致的西班牙混合风格建筑

8.3　小镇多佛尔

多佛尔位于佛罗里达州希尔斯波罗县坦帕市西北约三十公里处，是一个不起眼但小有名气的小镇。人们来到这座建筑稀稀落落的小镇，最常做的事情就是淘点古董、买辆老爷车，或者看看火车。来到这里，丝毫也不用担心会打扰到这里居民的生活，他们大都住在祖祖辈辈一直居住的住宅里，住宅不高，最多两层，有一所不大的院落。小镇最高大肃穆的建筑物仍是有着尖尖屋顶的教堂，即使是镇政府大楼，也只是一栋不太显眼的两层楼房而已。在多佛尔，一百多年前的建筑物到处都是，它们虽然

历史久远，但都一如既往的整洁、坚固，尤其是人们一直使用的建筑物。这里似乎只有新建、维修，而不见拆迁。因为所有房屋都是私有的，受到法律的保护，人们建造自己的房屋时精心精工，绝不想它会被拆除（见图8-25至图8-28）。

图8-25　小镇古老的建筑和街道

图8-26　小镇政府大楼

图8-27　多佛尔镇的教堂

图8-28　多佛尔镇商业中心

多佛尔的建筑并没有什么特色，平平常常，以实用为主。人们日常生活必需的食品、日用杂货在超市都能买到，唯有古董工艺商品店铺特别多，这里是佛罗里达爱好古物的人们来淘宝的好地方。店铺老板不知道从哪里弄来了五花八门的玩具、灯台、煤油灯、旧书报、瓶瓶罐罐、锅碗盘勺，甚至还有中国的水墨国画、日本的青花瓷器。连不起眼的店铺墙面上，镶上的一块表明它建成年代的铭牌，都很吸引人的目光（见图8-29至图8-32）。

当然，人们来到多佛尔镇，最想看看的应该是这里的老爷车市场。车市就在铁路旁边的空地上，那些不知产自哪个年代、来自哪个国家的形形色色的老爷车，每辆都被擦洗得油光闪亮、打扮得花枝招展，看起来很有

图 8-29　某个有一百多年历史的临街商铺

图 8-30　时髦女郎在古董商店淘古物

图 8-31　古董与工艺品商店商品

图 8-32　多佛尔镇的旅游商店

趣,如同看到白发老头跳迪斯科,身心都在扮嫩。在老爷车市侧面的凉棚下面或坐或倚的老人,穿戴入时、举止优雅,定然是这些老爷车的主人(见图 8-33、图 8-34)。

图 8-33　多佛尔镇的铁路

图 8-34　老爷车市场

8.4　历史文化名村米卡诺皮

与盖恩斯维尔市同属阿拉楚阿县管辖的米卡诺皮也称为“市”，但这个市只有居民600余人，拥有土地不到3平方公里。她在1821年设置市镇，1837年正式注册。在这之前约两百年，西班牙移民就在此地从事农业垦殖，西班牙人到来之前，原住民印第安人则世代在这里狩猎、耕种。早上，我们从盖恩斯维尔市西南16号大道的暂居地开车出发，向西不过数百米，就到了西南13号大街。左拐，沿着这条大街一直南行，二十几分钟后，向右望去，就会见到指向米卡诺皮村的标牌。按照指路牌右转三百多米，穿过浓密的橡树林，便到了村中心。道路足够两辆车对向错行，路两旁合抱的高大橡树枝叶茂盛，洒下满街浓荫，阳光透过枝叶，照得地面斑斑驳驳，金光闪闪。街道宁静、整洁，两旁住宅的院子里花草铺地，高大的树木掩映着两层西班牙式小楼，临街有几个店铺，砖木结构，可能建于20世纪60年代。四五百米的主街上，只有村东头的行政中心的建筑有点现代风格，那里有几个球场，停着两辆消防车。除此之外，一栋栋房屋看起来，一座比一座年代久远，无论是教堂、住宅还是博物馆，几百年来，都是这样稀稀落落，掩映在绿树花草中。市民们也一直是这样，在这里从容地耕种、经商、劳作、喝咖啡、晒太阳，只是衣着、生产工具、交通工具改变了。建筑物前的停车位上，停放着三三两两的各色小汽车，从车上下来的游客大多是到路边古董店挑选古董的。古董店货架上商品琳琅满目，玻璃器皿、钟表玩具、刀叉木雕、珠宝首饰、古币石器，应有尽有。古旧书店里，堆满了各个时代出版的书籍、画册以及油画、地图。

人们在欣赏这座历史文化名村时，会安安静静地来，安安静静地走，生怕打扰这里居民的日常生活。互不相识的人们总是彬彬有礼，微笑示意，很是让人留念。在这里的一家古旧书店里，我们惊喜地发现了一幅德国地图公司测绘的清朝中国地图，花了30美元购到手，如获至宝。这大概是中国最早的一幅利用经纬仪科学测绘的中国地图，不知怎么保存得这样完好。看到这张地图，我们才恍然大悟，原来现在东营市辖区大片的盐碱地，曾经是海水滩涂，怪不得储藏着丰富的石油；也才确切地知道，浩浩荡荡的汉水在清朝初期,也还留有从龟山南麓注入长江的河道(见图 8-35至图 8-44)。

图 8-35　指向米卡诺皮村的标牌

图 8-36　米卡诺皮村的百年民居

图 8-37　米卡诺皮村行政中心建筑

图 8-38　米卡诺皮村路边小店

图 8-39　米卡诺皮村的历史文化博物馆

图 8-40　博物馆里摆放着的石器与陶器

图 8-41 博物馆院子里展现的农具

图 8-42 米卡诺皮村的教堂

图 8-43 米卡诺皮村最豪华的住宅

图 8-44 在米卡诺皮村古旧书店里淘到的中国地图

9 教堂与墓地

9.1 教堂

美国绝大多数人都信仰宗教，而信仰基督教的比例高达 80%，佛罗里达州尤甚。教堂，是美国人民进行宗教文化活动和社会交际最重要的场所之一。宗教，是人类最为重要的文化硕果之一，它几乎涵盖了人类文化的各个方面——语言、文字、歌曲、绘画、服饰、文学、哲学、历史、传说、习俗、饮食、雕塑以及建筑。宗教建筑在世界建筑史和建筑艺术中占有极为显赫的地位，在佛罗里达半岛，教堂建筑遍布城乡各地，而且历史久远。有人认为美国文化历史短暂，我认为不然，也许美国文化历史可以作为与东亚文明、南亚文明、非洲文明并驾齐驱的欧洲文明的延续。实际上，对人类历史发展产生重大影响和作用的上述四大文明都在延续发展，虽时有波折，但从没间断，佛罗里达半岛上的教堂就是见证。

佛罗里达半岛上教堂的建筑风格与欧洲教堂的如出一辙，尖尖的哥特式屋顶告诉信众，在这里可以同自己信奉的神对话，与神息息相通，聆听神的启示，向神倾诉。不过，这里的教堂不再有欧洲教堂的富丽堂皇、高耸华贵，看来教会已经失去了特权，回归到了民间。教堂，是靠这里信教民众的奉献建立起来的，具有鲜明的实用性、亲和性、平民性特点。所有教堂都有礼拜堂、讲经室、圣餐厅、圣经图书室，只是大小有所差别、装修简繁各异。这里的教堂建筑并不排斥新派风格，也不排斥新型建筑技术与建筑材料。但与神对话神圣场所庄重肃穆的建筑性格确实不可或缺的(见图 9-1 至图 9-4)。

教堂是居民最常去做礼拜的神圣场所，早期的教堂就建在居住区里或是离居住区最近的地方，这与中国早期的寺庙多建在深山密林完全不同。究其缘由，可能是西方宗教致力于教化信众，礼拜颂扬，而佛教、道教

图 9-1 圣·奥古斯丁早期的教堂

图 9-2 老城区中心的教堂

图 9-3 欧洲的教堂

图 9-4 欧洲教堂的华丽装饰

提倡修身养性、参禅悟道的差异所致。早期欧洲移民带来了自己祖先的文化和宗教，也带来了教堂建筑，以此为延续自己民族的文化、信仰和价值观建立神圣场地。初期的教堂简朴、实用，满足做礼拜、讲经、传教的基本功能即可。工业革命中期以后，生产力得到极大的发展，财富涌现、聚集，巨富教徒或为感恩，或为聚集更多的财富，纷纷奉献，教会才仿效欧洲教堂，在纽约等特大城市中心区建起豪华、巍峨的教堂。

佛罗里达半岛大、中、小城市和乡镇、村庄，大大小小的教堂随处可见，建造年代也有先有后，但专属华人做礼拜的教堂还很少见。位于半岛西海岸迈阿密劳德代尔堡西北德县的珊瑚泉教堂，可能是佛罗里达州最早建立，也是美国东南部规模最大的华人基督教堂。珊瑚泉教堂在 1972 年由华人教友捐款建设，十年后正堂才得以建成。接着是扩建学经教室、办公室、停车场。1992 年，珊瑚泉福音堂建成，整个建筑群才具有了如今的规模(见图 9-5)。

盖恩斯维尔市老城区的老教堂位于居民密集区,同样具有简朴、实用的特点。新建规模较大的教堂,大多选址城市西部,那里用地比较宽裕。盖恩斯维尔市西部教堂是该市规模最大的教堂,离它不远处,是近几年由华人信徒奉献出资,购得林地数亩,初步建起的“甘市华人教堂”,它是盖恩斯维尔市华人教会传教、感恩、举行圣餐、做礼拜和聚会的教友家园(见图 9-6)。

图 9-5　珊瑚泉华人教堂

图 9-6　甘市华人教堂

9.2　墓地

世人心中都有自己信奉的神,美国大多数人信仰基督教,无论是学富五车的教授还是目不识丁的村妇,无论是腰缠万贯的富豪还是口若悬河的政客,“你们若有彼此相爱的心,众人因此就认出你们是我的门徒”。进入教堂,一同读经、祈祷,大家就是兄弟姐妹,是主的迷途羊羔。几乎所有的宗教都通过神灵向教徒启示生与死的神圣大事。虔诚的教徒对死亡不会感到恐惧与悲伤,他们将死亡看作新生。神父说,“息了在地上的劳苦以及病痛,回到了天父怀中”“你将在亲友环绕的诗歌和祷告中安静的被主接去,回到你所向往的天家,与荣耀的救主耶稣同在,一直到永恒”。这也许就是在美国城市居民区之内、公园绿地之中能见到坟墓的原因。

人的一生,唯一能确定的事是“必死”,虽然并不能预料死亡何时到来。信教的人相信,逝去的只是具体形骸,灵魂却会永在,会在四海云游,寻找归宿。暂留世间的亲人,需要为逝去的人祈祷。亲人怀念,所以建墓立碑,情理之中。有些人将亲人的墓地选在住宅附近,便于时时看望、拜祭。城市渐渐扩大,生者可以迁徙,逝者却要永居,因此建设大型公共墓地就成了顺理成章的大事。我们在许多大城市郊区,都能看到大片的墓地里墓碑林立。美国土地私有制度源远流长,不但拆迁房屋必得房主同意,就是搬迁坟墓也绝非易事(见图 9-7、图 9-8)。

图 9-7 费城市中心的一片墓园

图 9-8 纽约市区一片墓碑林立的墓地

佛罗里达州历史文化古城圣·奥古斯丁老城区墓地的规模不小,是早期修建的墓区之一。与其一路之隔就是居民住宅,今人与先人住地甚是邻近。后来,城市人口增加,坟墓更是与日俱增,政府便在临近海边的公园里,为逝者设立了一处宁静的安居之地。游人络绎不绝的公园墓地芳草萋萋、绿树成荫,连墓碑也多姿多彩,或者干脆以主题鲜明的雕塑取而代之(见图 9-9、图 9-10)。

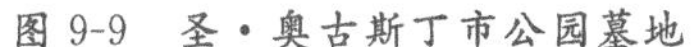

图 9-9 圣·奥古斯丁市公园墓地

图 9-10 墓地的传教士雕塑

墓地、墓碑、墓雕,其寄托着的文化和历史情怀,在全世界都是一样的。在俄罗斯莫斯科著名的新圣女墓园里,那满园各式各样的墓碑、雕塑,就是苏联和俄罗斯历史的体现,它启示人们思考普适价值观的演变与回归,思考社会进步与发展的历程。新圣女墓园是一座名副其实的历史文化博物馆,也是一座无声的教堂(见图 9-11)。

因此,墓地,是文化的展示,是历史的记忆,是历史文化保护的对象,也是可持续发展城市和乡村的组成部分(见图 9-12 至图 9-14)。

图 9-11 莫斯科的新圣女墓园

图 9-12 乌兰诺娃的墓碑

图 9-13 赫鲁晓夫的墓碑

图 9-14 戈尔巴乔夫爱妻赖莎·戈尔巴乔娃的墓地

10 居民与人口

10.1 居民

埃尔先生是地道的美国佛罗里达州阿拉楚阿县人，与我同龄，碰巧的是他还有一个弟弟，竟也与舍弟同龄，同时埃尔先生也还有一个姐姐。埃尔先生兄弟姐妹三人，就留下小埃尔先生一家在乡下操持着老埃尔先生留下的田地，以养马为业，算是仍在从事第一产业的工作。埃尔先生和姐姐都在阿拉楚阿县县城找到了工作，然后成家立业，结婚生子。埃尔先生是一位建筑师，退休后热心慈善公益事业。埃尔先生的夫人朱丽叶是一位教师，退休后热衷于宣讲《圣经》。他们喜欢孩子，自己生了两个，还领养了两个他国儿童，而且他们已经有了两个外孙。埃尔先生告诉我，他们兄弟姐妹三家如今三代人加起来，共有十九人，但是在农村老家养马的，就只有他弟弟和弟媳妇两个人。小埃尔两口子年近六十，身体虽然硬朗，但终究得有后代来接替埃尔家养马的营生。如果孩子们实在不愿意从城里回来，也许就只能将土地卖给邻居。如果这样，佛罗里达州阿拉楚阿县的城市化率又要增长了。

在美国，还有一个因素可能提高城市化率，那就是新来的国外移民，这种情况在中国基本不存在。美国本来就是一个国际化的移民国家，美国人的先辈，除了少数是印第安原住民外，其他的基本上都来自欧洲、非洲、南美洲和亚洲的一些国家，其中就有不少中国人。早年移民来美国的人，也有从事第一产业的农民、牧民。但如今来到美国的，无不是在城市里工作和生活，中国人便是如此。

我遇到的在美国居住的最年长的中国人来自台湾，我和他是在从加利福尼亚州茹斯密小镇开往洛杉矶市中心的公交车上认识的。上车前，我用蹩脚的英语向这位偶遇的长者问路，他一听发音就猜想到我是来自太平洋彼岸的中国,他乡遇故知竟是那样的亲切。我们同上一路公共汽车,他告诉我在这个交通时间段,老年人乘坐公交车享受优惠,无论你是哪国人。那段路很长,我们说个不停。当这位姓袁的长者知道我曾在山东济南工作十余年时,显出来一丝温情与忧伤。他告诉我,他是济南人,1948年以前,杆石桥西北角人民商场的少东家,后来"随国军南撤",再后来到了台湾。退役后,到大学当老师,在教授职务上退休。他的两个儿子年轻时来到美国上大学,大学毕业,留在了美国工作、定居,最后也都加入了美国国籍。如今他自己孤身一人,便来到加利福尼亚投靠儿子,拿着台湾的退休金,持有美国绿卡,在洛杉矶安度晚年。两年以后,我还真遇到了一位像袁老先生儿子那样成为美国人的老乡。我们的相识是在佛罗里达州盖恩斯维尔市机场乘坐小飞机到亚特兰大再转机飞回上海的飞机上。那天,我和妻子坐在小飞机的第一排。机舱很低,也显得有些拥挤,我们随身抱着一座从古董店淘来的欧洲老式自鸣钟。和善的空姐对我们快速说起了英语,我们觉得莫名其妙,显得无辜与茫然。这时从机舱后座上来一位看来小不了我几岁、彬彬有礼的华人,为我们充当翻译。我突然记起,我在盖恩斯维尔机场候机室看到过这位先生,当时他也同他那位穿戴典雅的夫人静静地等待登机。小飞机到了亚特兰大机场,这是一座庞大的国际中转机场,取行李、乘轻轨,很是费了一番周折。还是这对素昧平生的华人夫妻,一直指导、帮助着我们,只因我们都有一副华人面孔。边走边谈,才知道他们竟是我的河南老乡,20世纪60年代,从台湾来美国读书,而后就定居在美国,工作在华盛顿,留下双亲还在台湾。说起河南老家,二位也有一丝感伤与怀念,那位风度依然的夫人说:"当年我随同父亲一道去了台湾。"匆匆交谈、匆匆告别,竟忘记了互通姓名,也许,也没有必要,反正不可能再见了。大家都不过是匆匆来去的过客,不知在哪里、又为何在城市化进程中凑了凑热闹而已。

初到佛罗里达州,就在朋友的介绍下住进了东海岸城市劳德代尔堡美籍华人林先生的家。林先生和他的太太都是香港人,20世纪80年代携手来美国求学,专业都是金融会计。硕士毕业后,夫妇二人都在劳德代尔堡市有了一份工作,结婚、定居、买房,生下一双可爱的孩子。于是,顺理成章地一家四口成了美国人,前年又从香港接来了岳父岳母,为劳德代尔堡市增加了六个城市人口。

与林先生几乎同龄的吴先生来自中国北京，是我们暂住盖恩斯维尔市时的房东。住在隔壁的佛罗里达大学访问学者告诉我们，房东吴先生两口子都是北京大学化学专业的高材生。后来在同吴先生的交谈中得到了证实，我也才知道，吴先生与他的妻子本是同学，20世纪80年代中期来到美国攻读博士学位。毕业后他们决定留在美国。当时，像他们这样的情况，美国政府放开绿灯，很顺利，两人都找到了工作，成了美国人。吴先生两口子有了些储蓄后，搬出了出租屋，搬进了按揭购买的单元住宅。再后来，他们看到来美国佛罗里达留学的中国学生、访问学者越来越多，都需要租住住房，租住时间短则数月，长则数年，便索性按揭购买了三栋联排单元住宅，当起了房东。又一个十几年过去，他们已经有了好几处房产，房子也不尽只出租给华人，也有当地的美国人租住他们的房子。吴先生告诉我，如今他专门负责管理这些出租房屋，他的太太还在一所研究所从事化学专业工作。夫妻两人都很忙，两个孩子还小，在美国，上中小学不要钱，但上幼儿园是很贵的。他的父母在老家农村，年事已高，准备过来照看孩子。吴先生很健谈，也关心政治，说起之前的美国总统选举，奥巴马连任总统，他显得很不满，但也很无奈。他说在美国，不到计票最后一刻，谁当选都有可能，不像“咱们中国”(看来，吴先生的中国情结仍旧未断)，早就知道了。他认为奥巴马的加税政策是鼓励懒人的政策，只注重分蛋糕，不利于做大蛋糕，不利于社会财富的增加。他还有一个论点，即社会应该给每个人同样的起点，虽然终点可能会不一样的。与吴先生不一样，住在坦帕市的张先生将票投给了奥巴马，张先生说：“奥巴马关心平民，再说，比起罗西尼，他对‘咱们中国’(看，张先生也有中国情结)要好些。”不过张先生两口子来到美国的经历，也是同林先生一样的。

易汉文教授取得绿卡、留居美国则是另一种情况。易汉文教授首次赴美是以中国武汉城市建设学院交通工程学教授身份进行学者访问的，当年，他是这所大学里交通工程学科最有才华和前途的年轻教师之一，被破格晋升教授并被大学党委举荐担任湖北省政治协商会议委员会委员，职位大概相当于美国州议会议员。在美国访问期间，按美国惯例，几个月后，他的孩子和夫人是可以去那里省亲的，于是他夫人带着正在读中学的孩子去到了美国。孩子来到美国，要就近到学区里的学校读书，因为符合美国义务教育的规定，易汉文虽然在国内领取教授级别的工资，但工资按美国的标准，当然是穷人。穷人家孩子的学费、早餐、午餐以及校车费都是可以全免的。特别叫易教授和他的夫人动心的是，他们看到，孩子毕业后，上大学是不需要经过在国内那样激烈竞争的。他们的孩子是独生子女，娇宠疼爱有加，舍不得孩子承受国内高考的煎熬，决定留下来，让孩子在美国中学毕业，上大学。美国是不管易教授中国省政协委员的政治身份的，易教授与他那位有医生经历的夫人双双在加利福尼亚州获得了一份工作，有了收入，交了税，买了车，购了房，取得了在美国的永久居住权，孩子大学研究生毕业，也在美国工作、成家立业了。不知道按照美国的人口政策，易教授一家人是相当于湖北武汉的户籍人口呢还是相当于无户籍的常居人口？但他们肯定不同于暂住人口，更不同于流动人口。也许，两个国家的人口分类完全没有可比性，但就城市化率学科而言，我倒是关心，他们在加利福尼亚州计算城市化率时被列入州城市人口与总人口了吗？也许，加利福尼亚州已经不再需要统计城市化率这个指标了。城市化进程处于成熟阶段时，可能有“逆城市化”现象出现，这时，城市化率便失去了它衡量社会发展与进步的指标作用。

10.2 人口

有些在美国城市生活的中国人却像在家乡的流动人口一样，他们在那里短期居留，随来随去，笔者不少朋友和邻居就是这样。留学生、探亲者、陪读者，即属于这类人口。除此之外，还有一个不小的团队，那就是陪护孙子的老人们。中国不少在美国留学、访问、工作的年轻人选择在那里结婚、生孩子，不仅是因为那里生育自由，而且是因为对于低收入者(去美国攻读学位的学生，包括那些有教授职称的访问学者，按美国的标准，都属于低收入者)来说，在美国生孩子的成本很低，不但可以减免住医院的费用，有时连婴儿需要的奶粉、尿布都是有补贴的。但是，生孩子住院期很短，几天就要出院，而且，社会价值观提倡父母照料亲子。虽然在那里，九到十二年义务教育不要钱，但如果要送孩子进托儿所或幼儿园，费用是非常高的。于是，在美国生了孩子的中国年轻人，将父母，尤其是退休父母接来带孩子，就成了最佳选择。我在济南城市规划设计室工作时的搭档张悦华大姐，在华东石油学院基建处工作时的搭档钮薇娜大姐，我们的老朋友张依民两口子，徐培兴两口子，还有我们学院的同事、邻居……来来往往于太平洋两岸，流动频繁，甚是自由自在。

去美国常居、短留的华人，其实与爱不爱国的宏大话题无关，这只是人口在自然地流动，“水往低处流，人往高处走”才是根本原因。城市化进程就是人们从第一产业转移到第二产业、第三产业，从农村、林场、牧场转移到城镇的选择，至于高与低，那完全是集体样本中个体样本的自我判断。譬如，郑教授留学后选择回到浙江大学，彭教授留学后选择留在佛罗里达大学，都与他们的爱国情怀无关，只是他们各自判断适宜自己的“高”与“低”取向而已。

在佛罗里达大学规划建筑学院城市与区域规划系，有一位终身教授彭仲仁先生，也是20世纪80年代赴美留学的中国大学生，在业内，他的学问很是拔尖。他与他的夫人选择留在美国，当了美国名牌大学的教授，育有一对美丽的女儿，他还担任着美国科学院交通运输研究理事会交通地理信息科学委员会、公共交通规划和管理委员会委员、美国国家自然科学基金的高级顾问。中国同行很为之高兴，因为中国人同样可以成为美国的知识精英。其实，彭教授还受聘成为中国国家教育部“长江学者奖励计划讲座教授”，还受聘于中国多所大学担任客座教授。他热情地参与到培养中国大学生的教育行列，参与到中国交通规划领域前沿的科学研究之中，向中国同行介绍先进的科学技术，与中国同行进行无保留的学术交流。像彭教授和易教授这样实实在在的心系家乡、为祖国出力尽责的美籍华人，虽然他们加入了美国国籍，但是仍然值得人们尊敬。

11　结语——他山之石，可以攻玉

他山之石，可以攻玉，正是笔者所思。玉，璀璨、通透、灵性、魅力独特，世上几乎没有完全一样的玉石。“天公娇子性通灵，风沙磨砺俏玉容。冰晶玉肌飘清韵，暴雨洗礼驻彩虹。”美玉无瑕，谁人不爱？天下璞玉，无处不在，只待人们去发现、去挖掘、去琢磨、去滋润。美国佛罗里达半岛上大大小小的城镇、乡村，就是一颗颗冰晶玉肌、彩虹般的玉石，那样通灵、温润、清韵、迷人。杰克斯维尔、迈阿密、坦帕、奥兰多、劳德代尔堡，还有盖恩斯维尔、圣·奥古斯丁、沙拉索塔、多佛尔、米卡诺皮……一座座高楼林立的大都市，一座座古色古香的历史文化古城，一座座绿树婆娑的小镇村落，都是那样的独一无二，都是那样的蓝天白云，都是那样的洁净清新，都是那样的亲切宜人。我去到大西洋彼岸的佛罗里达半岛考察时，其实心里装满着遍布华夏大地上的楚山璞玉。我居住过的武汉、北京、济南、东营、海口，尤其是为其规划和建设倾注心血的济南、海口、东营和武汉，还有湖北省和海南省那些永远不能忘怀、数以百计、大大小小的城市——十堰、黄石、宜昌、襄樊、荆州、三亚、儋州、洋浦、文昌、五指山等，虽然我对它们心存偏爱，但是对比之下，我不得不承认，我心中的楚山璞玉被我们打磨得几乎千城一面，灿烂的历史文化渐渐被遮掩，甚至消失，蓝天绿水饱受雾霾与污染折磨，大城与小城、城市和乡村的总体差距还在继续拉大。我似乎理解了众多富豪与高官，甚至精明的城市白领、农村能人安排家人涌往北美的缘由。但我还是在想，我们更应该做的是琢磨好自己的璞玉、打造好自己的城市。我们不能坐井观天，死抱着“永远不学外国那一套”的成见，借口我们特殊而闭关自守、夜郎自大。

本书以大量现场照片和夹叙夹议的思考，从城市产生与发展、居住与环境、文化与历史、道路与交通，甚至人口与建筑等诸多方面展示了美国佛罗里达半岛上美丽宜人的城市和乡村。我在想，我们在规划和建设城市与乡村时，所要把握、坚持的目标和动力，以及所应遵循、敬重的科学和文化，是绝不能被忽视的，这，也许正是我们最值得借鉴的他山之石。

11.1　目标

黎巴嫩诗人纪伯伦写到："我们已经走得太远，以至于忘记为什么而出发。"是的，建设城市、发展城市的目的到底是什么，我们还有多少人记得、还有多少人提起？看看一个个市政府的城市发展报告，看看一本本厚厚的城市规划，看看一处处大拆大建全城沦为工地的城市，所能见到的尽是 GDP 的增长和城市规模的扩张，可曾想到对城市发展目标的理性追求？我们的城市在快速发展中确实走得太远、太快，也许我们真的忘记了"为什么出发"。

人类坚定地走上城市化发展之路，其实只为了八个大字——美丽家园，幸福生活。如果发展和建设损害了我们家园的美丽，没有给人民带来幸福，那么这种高速度发展和建设又有什么意义呢？看看头顶的天空，看看脚下的土地，看看身边的湖水，看看山山岭岭、江河森林，它们被城市化大发展折腾成什么模样了，如此，我们还能用"发展是硬道理""先发展后治理"的借口来搪塞吗？想想为建设道路桥梁、高楼大厦而背井离乡的农民工们疲惫的身影，想想在工厂日夜操劳，眼望冲天房价而心灰意冷的工人们的眼神，还有那眼巴巴看着开发区夺去自己的田地和房屋的农民们的忧愁，还能心安理得、不顾一切地追求 GDP 的增长和开放力度的增长吗？城市可持续发展的基本要求是"当代的发展不能损害未来的发展"，自然不能为了将来的发展，去损害今天的美丽家园与幸福生活！城市化的发展一定得是渐进的、有序的、平缓的、可持续的，时时都有利于保护、建设美丽家园，营造幸福生活。

11.2　驱动论

本书以实例阐述了促进城市发展的生产力（经济）驱动论、资源驱动论、交通驱动论和政策驱动论，也谈到了在我国上一阶段城市化进程快速发展中，最为推崇的政策驱动论是把双刃剑的道理。对比一下美国佛罗里达半岛上那一座座从不曾经历过雾霾污染、交通拥堵、停车困难的城市,看看那里居民和谐幸福的生活环境,我们确有不少经验教训应该吸取。

11.3 科学

科学,是将人类实践经验教训上升为理论的总结,反过来,又应该运用其来指导人类的实践。本书对比佛罗里达州在城市分布、城市规模、城市结构方面的分析,以实例对诸如住宅建设、环境保护、道路交通、历史文化,甚至细化到交通预测模型、道路中央分隔带、环形交叉口、停车管理、候驶标志等的介绍和评论,无疑,就是来源于成功实践的科学。它们理应得到重视与遵循,起码,可以启发我们认真地去思考。

11.4 文化

科学其实也是文化,只是它属于形而下之列,唯思想,属于形而上。所谓“形而上者谓之道,形而下者谓之器”,不遵形而上之道,便没有文化,没有思想,没有正确的人生观、价值观,没有文明,就没有城市文明,就没有城市可持续发展理念和思想,也就不能铺就可持续发展城市化道路。

2014年春天,习近平在巴黎联合国教科文组织总部演讲时极力提倡世界文化、文明的互鉴与交流。他说:“文明因交流而多彩,文明因互鉴而丰富。文明的互鉴与交流,是推动人类文明进步和世界和平发展的重要动力。”他还论述了佛教文化同儒家文化、道家文化融合发展,给中国人民的信仰、哲学观念和价值观等带来的深刻影响。本书就是一本探索当代中国与美国城市发展文明的互鉴与交流、求真务实的书。美国人崇尚自由、平等、民主、博爱,崇尚个人主义和人权,保护私有、保护自然。它们的城市化进程体现着也受制于这样的文化、思想和价值观。如果我们崇尚佛家五戒,信奉不杀生,我们就不会对动植物赶尽杀绝,就不会无节制地破坏自然、破坏生态;如果我们信奉不妄语,在城市规划、建设、审议中就会实事求是和求真务实,就不会盲目贪大、制造借口、大拆大建、铺张浪费、中饱私囊，就不会言不由衷、人云亦云、听之任之，无视破坏性建设泛滥。与本书同时出版发行的《大城净言》，是我关于城市规划、建设和发展议题的思考和心路记载，建议阅读本书的读者不妨抽空看看，也许，可以在那里找到一些关于不妄语的佐证，因为那是一本说真话的书。

也是在2014年春，三八国际妇女节那天下午，我应武汉"名家论坛"之邀，在武汉图书馆作了一场命题讲座——《大城之困——可持续发展城市化道路思考》。那是一场面向武汉市民的演讲，是一场通俗、深入浅出的关于上一轮中国城市化进程快速发展经验教训的严肃思考。那场讲座的主题与内容，正好通俗地呼应着本书借鉴美国佛罗里达半岛城市化进程经验的初衷。那场讲座的录音记录节选，附在本书之后，供读者参阅。

佛罗里达半岛上那些美丽和谐的城市和乡村，在它们可持续发展的进程中，遵循着一种自然、有序、渐进、民主的文化和文明理念，符合"人法地，地法天，天法道，道法自然"的文化理念和道家法则。如果我们秉承"我无为而民自化，我好静而民自正，我无事而民自富，我无欲而民自朴"的文化和文明理念，那我们的城市化进程一定会步入自然、有序、渐进、可持续发展之路。

我们的城市规划曾经是秘密的。现在，我们懂得了公开、透明，民主文化和文明的重要性及其作用，提倡逐步公示各阶段城市规划与建设内容。而且，我们执行了一系列改革开放措施，摒弃夜郎自大、闭关自守，提倡世界范围的互鉴和交流，这是中国城市规划与建设历史上的巨大进步。无论城市和乡村，都是人民的归宿，都要服务于人民，也要靠人民去爱护、去保护、去建设、去管理。所以市民应该懂得规划、了解规划、执行规划、维护规划。政府和规划专家应该公示规划，向人民解释城市规划、宣讲城市规划，征询人民对城市规划的意见和建议。儒家文化和文明提倡"民可使由之，不可使知之"，也是在告诉我们"我无为而民自化，我好静而民自正"的道理。本书就是一本秉承借鉴与交流的理念，帮助我们对城市可持续发展"知之"的书。

附A　大城之困(节选)

——可持续发展城市化道路思考

(根据2014年3月8日在武汉《名家论坛》
所作报告“大城之困”录音整理)

女士们、先生们,下午好!(掌声)

首先允许我对马航波音777飞机上的239名失联人员表示祈祷,他们凌晨一点从马来西亚飞往北京,至今没有下落。本来我讲的“大城之困”,这个“困”字就比较沉重,而这件事情确实使我的心情更加沉重了。但是即使这样,我仍旧要向在座的各位女士致以节日的祝福,祝你们永远年轻、幸福快乐。我也提醒在座的各位先生,你们今天听完讲座以后,赶快回家,或者给你的母亲揉揉肩,或者陪你的夫人去逛逛商店,或者陪你的女儿看一场电影。而且我还要提醒一下各位,今天虽然不是高峰期,但是交通仍旧很拥堵。今天我来之前查了一下空气质量,PM2.5是77,刚刚过了我们国家规定的标准线,空气质量是轻度污染,所以晚上大家可以陪家人去逛逛公园,因为我们武汉市达到这样的空气质量标准已经很不容易了。这也是我们大城之困。PM2.5值75是世界上最低的一个标准,世界上绝大多数国家规定的标准是PM2.5值35,欧美国家规定的标准是PM2.5值15,因为超过15,对人体就有比较明显的影响了。而我去年在美国佛罗里达州进行调查的时候,发现很多城市PM2.5的规定值是10,如果各位要等到PM2.5达到10的标准,才带着家人去逛公园的话,那我估计是几十年以后的事情了。所以我建议大家珍惜PM2.5值小于75的每一天,到户外去多活动活动。我刚才讲的这些话,其实我最喜欢、最希望能够给我们政府的领导讲,也确实,在全国只要有机会,我就跟县长们讲,跟市长们讲,跟省里领导讲,但是现在我更迫切希望跟在座的市民们讲。我看在座的同志，很多都是年龄比较大的人，都曾经记得，我们批判过孔老夫子的一句话，叫作“民可使由之，不可使知之”。我们批评孔老夫子帮助统治阶级愚化人民，实际上我认为孔老夫子说的并不是这个意思，孔老夫子是说，“民可使”，他知道怎么做，那么就“由之”，让他去做。如果他不知道怎么去做，就要“知之”，就要告诉他。因此我觉得我们现在的城市状况，城市发展的未来，不但领导者应该知道，我们每个市民都应该知道。城市是人民的，因此城市要靠人民来建、要靠人民来爱。所以今天我实际上是抱着这么一个愿望来的。我讲的题目叫“大城之困”，内容有些沉重，我敢讲这样比较沉重的话题，应该感谢论坛给我的这个题目，我可以在这里仅仅讲大城市所存在的问题。如果论坛给我的题目是“大城之美”，那我就会只讲大城市建设的成就，大城市的美丽，在大城市里生活的幸福；如果论坛给我的题目是“大城之路”，那我就会讲大城市发展的历程，取得的成果和存在的问题。今天给我的题目是“大城之困”“大城之痛”，那就给了我只讲大城市发展进程中可能出现的问题的任务和权力，但这并不代表我只是看到了我国上一轮城市化进程中，我们的人民、我们的国土、我们的生存环境所付出的代价和所存在的问题，请大家能够理解和谅解。(掌声)

我讲的内容是大城之九困。无论“大城之困”也好，“大城之痛”也好，或是“大城市存在的问题”也好，在我的专业课程里都是“大城之九困”，都是指“在城市化进程中，可能存在和发生的问题”。非常遗憾，这些可能存在的问题，在我们国家上一轮城市化运动中，几乎在所有的大城市中都发生了。下面我分别给大家简单地叙述一下这些“困”。

第一困是工作之困。目前，我国已进入老龄化国家行列，我国人口中，老年人很少，少年人也很少，中间这个阶段的人很多，而中间这块恰巧是 20 岁以上、60 岁以下的人群，比例有 50%～55%。如果按照这个比例来衡量，我国现在有 13.4 亿人口，那么就有 6.5 亿～7 亿劳动力，正在创造财富。这 6.5 亿～7 亿劳动力之中，有 3.5 亿～4 亿劳动力在农村。按照目前我国社会发展的生产力和生产方式的水平，我国的土地和农牧林业，能容纳多少劳动力呢？最多 1 亿，也许 5000 万足够了。这样说来，我国农村需要转移出来的劳动力至少有 2.5 亿。这 2.5 亿农村劳动力要到什么地方去呢?要到我国的大、中、小城市里去。那就是说,我们需要为他们提供2.5亿～3亿个工作岗位,这正是城市的困难之所在之一。我国的城市没有这么多的工作岗位,而且这里所说的工作岗位不是让农民工挑着个扁担打零工,这不是真正的工作。真正的工作是有保障的、收入合理的、具有8小时工作制的、有尊严的劳动。按照这个标准衡量,我们要提供这么多工作岗位,难道不是我们的大城之困吗?还不要忘了,这2.5亿～3亿将要进城的农民工,还要带进来1∶0.8～1∶1.2的被抚养人口,因此我们城市里将要容纳5亿～6亿这样的人口。这是城市的第一困,怎么解这个困,我今天不讲,当然我也有我的想法。待会儿我会给大家讲其中的一个解。

第二困是居住之困。我们国家现在户居的人口水平是3.1～3.3人,武汉市户居的人口水平是3.1人。按照这个衡量,武汉市中心城区800多平方公里的土地上有500多万人,大概有170多万户,那全国也就是3亿户。我们城市里所谓的“亲嘴”楼、“握手”楼、城中村,遍地都是。我们农村里有很多破旧的房子,但是农村里面也有很多两层楼、三层楼的房子里,只有两个老人居住。所以说我们的居住之困,是双向之困。武汉市户居的人口水平是3.1人,平均户室面积是100平方米,平均每个人拥有住宅面积34平方米,这在全世界都是先进水平,美国也不过如此。表面上看我国很缺乏住宅,实际上我国的住宅很多很多。目前全国空置房至少在1亿户以上,而且是已经出售的空置房,没有卖和正在建的空置房大概也不会少于1亿户。因此,我国可能多了1亿甚至2亿多户房子,但是这些多出来的房子并没有提供给每一个需要的人居住,大家可以衡量一下自己和周围朋友所拥有的房子,这个统计数据,不管你们信不信,反正我是信了。

第三困是资源之困。我们国家目前有100来个资源枯竭型城市,我们湖北省上榜的就有黄石市和大冶市。黄石市和大冶市曾为湖北省乃至为中国的经济建设作出了巨大的贡献,但也付出了巨大的牺牲,以致如今成了资源枯竭型城市。我国每千人所拥有的国土面积是7.1平方公里,这个数字在世界国家排名中正好处于中间位置。所以我想,我们中国人不能够妄自高傲,也不能妄自菲薄,不能说起我们困难的时候,就说起我们人口太多,而说起我们骄傲的时候,就说我们地大物博、人口众多,这实际上都不对。我国每千人所拥有的国土面积,当然比俄罗斯、美国、法国差远了,譬如俄罗斯是每千人 122 平方公里,美国是每千人 31 平方公里,法国是每千人 9.6 平方公里,而中国是每千人 7.1 平方公里。比上,我们不足,就感到我们多困难啊,但这个困难不能作为我国城市和乡村没有可持续发展的理由。再看看比我们差的还有谁?有德国、日本、印度、新加坡。德国是每千人 4.5 平方公里,日本是每千人 3.1 平方公里,印度是每千人 2.7 平方公里,新加坡是每千人 0.14 平方公里。德国、日本的土地资源远远比我们贫乏,我们不能说德国、日本的经济比我们落后,我们不能说德国、日本的环境比我们差吧?到过德国、日本的人都知道,这两个国家的人均国民经济水平和环境质量,比我们好得多,而且交通状况也比我们好得多。我们武汉市是多少呢?武汉市是每千人 0.85 平方公里。我是坚决不同意武汉市向 2000 万人口发展的。那么一个城市真正应该拥有的生活容量是多少呢?每平方公里 1 万人,这是什么概念呢?就是一万人要居住在一平方公里的建筑用地里面,但是它的合理环境容量应该是多少?应该是它的 5～10 倍,也就是说,我们国家规定的每平方公里 1 万人的这个容量,扩大 5～10 倍,才能够有一个比较和谐、可持续发展的环境。

第四困是环境之困。谈起环境,我们现在都知道空气污染,知道空气污染里面的 PM2.5。但是说实在的,两年以前大家是不知道的,四年以前我也是不知道的。空气的污染每一个人都感同身受。但是其他的污染呢?水体的污染,大家感受到没有呢?土壤的污染,大家感受到没有呢?可能这两个污染的严重程度并不次于空气的污染。前几年我们几个初中的同学,今天已经是老头子和老太太,聚集在中山公园的茶室里回忆我们小学时在东湖过夏令营的美好日子。我们的帐篷搭在东湖的草地上,夜里闻着从东湖里面漂来的水的香味,白天下水游泳,用女同学的手帕网来小鱼、小虾放在嘴里就可以吃,吃得那么香甜。今天再到东湖去,还能下去游泳吗?还能下去捞鱼虾吗?这些污染的环境,确实是触目惊心的。

第五困是文保之困。文保之困就是历史文化保护之困。城市的历史和建筑,是城市文化的积淀,是城市的骄傲,是城市的记忆,是城市发展的见证。早在半个世纪以前,武汉就以“东方芝加哥”闻名于世界。各位想想,今天我们能够看到的历史遗迹还有多少?我是“海口市历史文化名城保护规划”项目的主持人之一,我知道历史文化名城保护规划包括很多内容,有文物古迹的保护、历史建筑的保护、代表性建筑的保护、古树名木的保护、纪念胜地的保护、历史遗迹的保护、自然遗迹的保护,等等。我可以说是老武汉人了,1949年8岁的我跟随家人从河南来到了武汉,在作这个报告的前十天,我到汉口找寻我的回忆、我的乡愁。据说这次习近平主席到湖北,给湖北的规划建设提出了一个课题:“你们要留住湖北的乡愁。”曾经的武汉中苏友好宫(后改名武汉展览馆),是我们武汉历史的记忆,是武汉的骄傲,是我们国家四大中苏友好宫之一,其他三座风格相同的友好宫分别位于北京、上海、广州,至今保存完好,但是武汉的友好宫被炸掉了。展览馆旁边是友好商场,这么一个现代化的友好商场,为什么要把它改头换面,弄得面目全非呢?真不可理喻。还有民生路,如果它被保护下来,建设好了,它就是现在美国旧金山的某一条街道,就是欧洲的某一条街道,但是如今,它荡然无存了。

第六困是传承之困。我们武汉市的领导在建设这个城市的时候,喊出的口号就是GDP要增长,要建设大武汉、复兴大武汉,我们武汉要是实业的大武汉、交通的大武汉、科技的大武汉、改革开放的大武汉,就没有提出一个美丽的大武汉、幸福生活的大武汉。但是大家想一想,我们所有建设城市和农村的目的是为了什么?就是为了八个字——美丽家园、幸福生活。如果GDP的增长破坏了我们的美丽家园,不能给我们的人民带来幸福生活,那这增长的GDP要它何用?如果大家同意我所讲的观点,也请你们讲给你们的朋友听,讲给你们的孩子听,也许他们就是,或者将来就是市领导、省领导,甚至国务院领导。

第七困是安全之困。我这里列了四大安全之困:自然灾害、社会动荡、恐怖袭击和战争破坏。这都是我们在建设城市的时候所必须要考虑到的。大地震对日本最大的破坏在哪里呢?就是在城市里面。社会动荡发生在什么地方呢?也是在城市里面。无论是泰国红衫军游行示威,还是乌克兰政局动荡,不都是发生在曼谷、基辅这样的大城市吗?不要忘记,我们也曾经有此痛啊!北京、昆明都是人口大量聚集的特大城市,容易产生安全隐患。我去年去北京的时候，到天安门广场竟然要通过像上飞机一样的安全检查，我很吃惊。当然我认为是很有必要的。战争破坏，大家想想两颗原子弹在什么地方爆炸的？在城市的上空。当然未来的战争也许会文明一点，会把炸弹投向军事设施和军队，但是不要忘了，城市始终是敌对国家相互威慑的最重要的地方。

第八困是母体之困。城市的母体是什么？是农村。我们城市人的母亲是谁？是农民。现在的农村，既有光鲜美丽的一面，也有令人心碎的一面。我曾经到平凉市出差，平凉市市委书记跟我说的话，使我内心久久不能平静。她说："赵老师，我们平凉市有250万人，常年有50万人出外打工，每年寄回来50亿，我们平凉市的GDP，我想算成250亿，争取做到每人1万。"她问我这样算对不对。我说："也对，也不对。这50亿，不是平凉市的GDP，是平凉市的GNP。这50亿，也许是打工者们为广州、东莞或者武汉等城市，创造了500亿，才给平凉市寄回来50亿。他们为其他城市创造GDP，仅仅给平凉市一点GNP。"她下面的话更让我感到不可言状。她说："我们这50万人出外的时候，留在家乡的是他们的父母和孩子，甚至有的夫妻还不在一处打工。"我当时心里头很难受，我们的农民为我们城市的发展付出了多么大的代价！人生最大的幸福是什么呢？不是当官，不是发财，而是为了一个平淡的生活，和自己的父母在一起，和自己的孩子在一起，夫妻在一起，白天同飞，夜晚同眠。大家想想，他们是不是用这样的代价，在建设着我们的城市，对他们来说，这，是不是困？是困，是我们城市母体之困。这个困，我们应不应该解决呢？应该解决。

第九困是道路交通之困。这可能是大家最希望我讲的问题，大家饱受交通拥堵、交通污染、交通安全的困扰，大家又认为我是城市交通专家，是交通规划技术方面的权威。什么叫交通？所谓交通，是指人和物在两点之间有目的的移动过程。实现两点间人和物有目的的移动过程，依靠什么手段呢？可以依靠水运、轨道、航空、汽车、管道这五种交通方式。我今天仅仅就汽车交通方式跟大家说一说。关于汽车交通之困，首先大家都深切感受到了交通拥堵。我记得今年在电视问政上，市长说了一句话我很感动。他说："我一直有个疑问，今天的堵是为了明天的畅通，对不对？"我从来没有听到过一个政府官员在大庭广众之下，说出跟所谓的主流意见不一样的说法,但是他的说法是完全正确的。不要以为城市发展必然要堵,怎么会必然要堵呢?世界上那么多可持续发展的城市,从来不知道交通拥堵是什么滋味,当然他们也从来不知道交通污染和环境污染是什么滋味。我曾在美国佛罗里达州考察了很多地方,这是我很深切的一个感受。我国的交通拥堵,堵到什么程度?大家都很清楚。我说几个数字。我们汽车设计的安全行驶的速度是每小时100公里以上,我们道路设计的安全行驶速度是每小时60~80公里,我们城市管理对道路要求的安全行驶速度是每小时50~60公里,实际上我们开车行驶的速度是每小时30~40公里,在高峰时间开车行驶的速度是每小时10~20公里。交通学科里有十几个指标来衡量交通拥堵的程度,我们称之为延误水平。刚才那一组数据是不是反映出我们交通拥堵的程度是多么地令人感到痛心,令人感到必须要去制止它。再一个停车困难,我为什么要讲停车困难呢?大家可能记得,去年电视问政上,大家说我是最犀利的专家,其实我不是最犀利,当时我是急得不得了说出的话,那是什么话?那是我们武汉的交管局长,我看他被问得汗流兮兮,答出来的问题非常诚恳,一个劲儿地承诺,一个劲儿地检讨。我于心不忍。我当时就说了,我说我要是交管局长,我绝不承诺,因为我不可能做到。武汉市现在有130多万辆汽车,我们只有30多万辆的停车位,那么还有100多万辆汽车停在什么地方?我们的公交枢纽站在什么地方?我们的社会停车场在什么地方?我们专用的停车场在什么地方?我说规划局长你是知道的,我说你建委的主任你是知道的,我问市长你知不知道。只有你市长知道了,并且下定了决心,才能解决问题。底下给了我掌声。我们城市的问题离开了市长,一个交管局长能够解决吗?那一次以后,我正好要到美国去,在佛罗里达州做了为期两个月的考察。我告诉交管局的朋友们,因为那里有很多我的学生,我说我这次在美国一定拍一些违章停车和怎么处理的照片给你们看。可我在美国两个月,跑遍了佛罗里达州,没有拍到一张违章停车的照片。没有一处违章停车,大家不可想象吧。因此,我回来后就想给市政府建议,停车问题要是再不抓紧解决,将来就会积重难返,实际上现在就是积重难返。但是只要重视,我觉得从重视之日起三五年内是可以解决的。

那么谈到这个问题,想再讲一个问题,就是困难的原因到底是什么。

我只重点讲交通之困一个方面，交通车祸我不细讲了。现在车祸每年公布死亡6万～7万人，实际上我们国家每年死于车轮子之下的人不下12万。今天掉下了一个777飞机，全世界都震惊了，我们刚才也祈祷了。但是不要忘了，我们每天死在车轮之下的人就是一个777飞机，300多人。大家会说，那美国也死人啊。不瞒大家说，我们的万车年死亡率大概是6～8，美国的万车年死亡率大概是0.5～0.8，我们武汉市每年因车祸死亡300多人，深圳市每年因车祸死亡也是300多人，而一水之隔的香港每年死于车祸的只有30～50人。因此，我们的交通问题非常严重，需要花大力气去解决。我再说说困之源是什么。我们建设城市，增加GDP已经走得很快很远，但是为了什么呢？很多人忘记了，包括我们的领导。我们建设城市的目的，就是为了八个字——美丽家园、幸福生活。如果把美丽家园、幸福生活看得比GDP更为重要，上一轮城市化运动就不会发生我讲的"九困"。我总结的关于这"九困"的原因，包括决策、规划、建设、管理、教育这五个方面。关于这五方面原因，我不可能一次性讲完，我只能给大家举几个例子。其中有一个原因，就叫作急功近利的决策者。决策者是有责任的，我说的话，领导不一定愿意听。大家知道，我们武汉有一个2049年的发展规划，据说委托了一家研究院来做，研究院的专家认为我们武汉市发展的最大规模是拥有人口1300万，这1300万人口规模跟我们市领导的观点是不一样的，我们市领导认为是多少呢？我估计他们规划的是1800～2000万人，于是他们就要求计于专家。于是有的专家，领导头脑一发烧，他们就烧火。北大的一位教授说，我们武汉市要发展到拥有3500万人口规模。他这个关于3500万人口规模的观点，我没有亲耳听到，但是上个星期我们那位罗先生认为武汉市要发展到3000万人口规模的观点，我是亲耳听到的。罗先生认为，我们武汉要大发展，这是大机遇。我们武汉市是全国第二大经济实体，我们要超过北京。我问罗先生，武汉的发展能超过北京和广州吗？他说那是无疑的。(哄笑，议论纷纷)大家知道，我们武汉市现在的GDP大概是9000亿人民币，折合成美元是1500亿，北京现在拥有人口2100万，北京市的GDP是3100万美元。武汉人跟北京人创造的财富是一样的，GDP都是每人1.5万美元，我们国家现在的GDP平均大概是每人6000美元。按照这种观点，我们要赶上北京很简单,只要把武汉市的人口从现在的1000万发展到3000万,我们就超过北京了。我想这个话领导听了一定比较高兴,我们发展到2000万人就可以赶上北京,我发展到3000万人就可以超过北京,就是中国第二大经济实体。我参加过我们国家很多规划评审,我知道,襄樊、十堰的城市规划都是把自己的城市人口翻了一番,十堰规划的城市人口规模要达到200万,孝感规划的城市人口规模是200万~300万。在武汉北边,河南省驻马店规划的人口规模有上千万之多。连遥远的平凉市城区,一个目前只有40万人口的城市,也要发展到100万人口。(哄笑,议论纷纷)大家想想,我们国家的人,靠人口自然增长,人从哪来?我记得李瑞环在海南省规划的时候说了一句话,他说:“你们别老把自己的城市这么扩展了,你们把整个海南省当成一个城市来规划嘛。”现在我们如果把全国当成一个城市来规划,那么武汉市的3000万人口从哪来?湖北省一共有6000万人口,湖北省有18万平方公里的土地,武汉只有8000多平方公里的土地,只占湖北省5%还不到的土地,竟然要容纳湖北省50%的人口,武汉市的同志们,你们同意吗?(议论纷纷,有人高喊:不同意!)但是我不知道我们的市长是愿意听,武汉市要发展到3000万人口,还是愿意听我这个,武汉市最多只能发展到1200万人口。我们发展到1200万人口的时候,我们的空间已经很小了。现在武汉市民人均面积是84平方米,一人有84平方米的建设用地。海口是人均100平方米,三亚是人均120平方米,美国佛罗里达州盖恩斯维尔市是人均1000平方米。人均占有面积的大小,是城市的环境和居民幸福生活最基本的保证。谁都知道一个城市生活的好坏,跟其人均占有的面积密切相关。一个明智的领导所要为市民争取的,就是一个市民要占有多少平方米的土地。当然我们这种人最多是参谋,我这是“参谋不带长,放屁也不响”。(哄笑,掌声)领导听不听,我们完全不知道。武汉的发展规模是1200万人的话,是赵宪尧说的,发展到3000万~3500万人是北大的著名教授说的,你听谁的?决策是最重要的。

我再说一个“九困”的原因——左右逢源的规划师和专家,就是像我这样的人,我是有责任的,我的学生是有责任的,我的同学是有责任的,我的同事是有责任的。在海口市我参加过一个大型的居住区的评审会,这个评审会评审的项目是湖北省一家著名的设计院做的。去评审的时候,我是规划评审专家,这个设计院的方案是被评审的,这个设计院去了两个大腕人物,我们国家著名的规划建筑大师。我们这些所谓的专家提了很多的意见,说这个方案太不像话了,规模太大了,楼层太高了,建筑太密了,绿地太少了,停车位也太少了。我们这位武汉市的专家说:"各位专家,你们说的我们都知道,但我们设计院有两个父母啊!"我一听吓一跳,怎么设计院有两个父母啊?这位大师级专家接着说:"政府官员是我们的父母官,开发商是我们的衣食父母,他们的话,我们都得听啊!"我知道,他说这个话我完全懂得。评审他设计的项目的时候,我是评审专家;当我们华中科技大学规划设计院的项目要评审的时候,他是我们的评审专家。我有个学生,是深圳一个比较大的民营设计企业的董事长,他们设计院每人的年产值不少于50万,每人平均年收入二三十万。她从深圳到湖南、湖北、河南,到北京再回来,回来的时候来看我,告诉我说:"我现在想到,我设计得越多,我让老板赚钱赚得越多,我自己赚钱赚得越多,我越有一种负罪感。"这是我的学生,一位有社会责任感、有良知、有人文情怀的规划设计专家,亲口对我说的话,我很动容。你说我们这些专家有没有责任?话又说回来,在座的朋友们,各位市民有没有责任呢?下面我说说一个"不知不争不遵的市民"是怎样的。各位知不知道,噪声污染应该控制在多少分贝?最低的空气污染指数应该是多少?房屋之间的间距应该是多少?住宅小区的绿化率应该是多少?住宅小区配套的停车位应该是多少?对于这些,各位可能并不知情,这也不能怪大家,怪谁呢?怪我们这些所谓的专家和我们的领导没有让你们知道。如果你们知道了,你们争不争呢?(大声喊:争!掌声)争?那就好。昨天我看到报纸上登了一条消息,河北某个城市的市民,状告环保局污染了空气,法院尚未受理。我不管法院受不受理,但这个市民是知道为自己的权益去争的。他知道空气不应该受到这样的污染,既然不应该,就要问责,那问责谁呢?他问责环保局局长,他要状告他。我不是提倡大家告我们的领导,那以后领导见到我会说:"赵教授,你真不像话,怎么要大家告我呢?"(哄笑)我是说提建议是可以的。你们要争,要为自己的权益而争,通过人民代表争,你们可以写信去争,争取自己的权益,争取自己美好的家园,争取自己的幸福生活,这,没有错。但是还有一点,大家要遵章守法。大家知道,在今年电视问政上，我有一个举动，我起来给交管局长鞠了一躬，我这一躬鞠完了以后，记者就说："赵教授，你怎么回事啊？你去年那么犀利，今年这么温情呢？"(笑声)其实，我是当场想起来这个举动的，为什么呢？交管局长又是一头汗，又是停车，又是乱象，我们的主持人也很厉害，就问他："你说乱不乱？"局长说："乱，乱，乱！"(笑声)主持人说："那你说乱的反义词是什么？"他说："不乱。"(哄笑)这个局长非常老实、非常诚恳。他没办法了，这么乱，他肯定要承认乱，那么乱的反义词是什么呢？就是不乱。(笑声)我起来给他鞠了一躬，我说："我们的交警是按照万分之三的比例配备的，我们的交通遵章率是全世界最差的。"我去了这么多国家，没有见到任何一个国家的交通警察像我国的交通警察这样辛苦。在路上呼吸着 PM2.5 超过 100 的空气，不分春夏秋冬、严寒酷暑在这里查车，太辛苦了，我就鞠了一躬。我确实就这样想，我们为什么这样不遵章呢？如果是因为车位不够，我可以理解。但是过马路，为什么要一窝蜂地过，不等红绿灯呢？哦！我不能再说下去了。再说，大家就会说："赵教授，你怎么说起我们来了呢！"(哄笑，掌声)谢谢大家！

那么我再说一说，如何解困。我刚才说的大城之九困，我都有解，这并不是说我自己有什么本领，但是我 50 多年来一直在做城市规划和建设，深有体会，所以我认为这九困都有解。如果我说的这些问题无解，那就是无能。关于停车困难之解，我提出了五个策略——规划之策、建设之策、管理之策、科技制策、教育之策。这五个策略我不详讲，我说一下我的七个措施，我希望市长能够知道这七个措施。说实在的，市长只要按照我这七个措施执行，三五年之内，武汉市的停车问题就能基本解决。但如果继续放任不管，三十年也解决不了。我这第一个措施是坚定地执行"一车一位制"这是最基本的措施；第二个措施是严格执行配建停车场指标，这是专业术语，我不给大家解释；第三个措施是坚决恢复地下停车库的功能；第四个措施是规划建设社会和专用停车场；第五个措施是合理施划住宅区路边标准停车位；第六个措施是制定软性停车策略；第七个措施是科学管理、威严执法。

按照主持人的要求，我还要留出十分钟互动交流的时间，所以我得作一个总结。我刚才说，我们所有的建设目的就是为了八个字——美丽家园、幸福生活。我们应该怎么样建设美丽家园、创造幸福生活呢？北京现在的发展模式，就是上一轮我们国家城市化运动中典型的发展模式，它带来了严重的交通问题。首都者，首堵也，全国最堵。世界上有没有比我们首都堵得更厉害的城市呢？有。我到泰国的时候，曼谷的朋友问我："赵先生，你们武汉和北京一天堵几次？"我想了一想，说："我们一天堵两次，早高峰7点到10点，晚高峰5点到7点。"他说："哎呀，我们比你们好啊，我们一天就堵一次，从早堵到晚。"(哄堂大笑)我看了看泰国曼谷的交通，确实比武汉拥堵。但是别骄傲，武汉只比泰国曼谷的交通好一点，有什么可骄傲的。那么，我们应该跟谁比呢？东京！武汉的发展不应该再走北京的老路，走谁的路呢？我给大家提一个，新加坡。大家知道，几十年以前新加坡是一个非常可怜的国家，从马来西亚分离出来的时候，它一无土地，二无资源，三无财政，四无人民。但是现在大家别忘了，这个土地面积不到武汉市三分之一的国家，目前拥有人口550万人，人均GDP是5万美元，而我们的人均GDP才1.5万美元，所以我希望我们武汉市走新加坡的可持续发展的城市之路，不要走北京的不可持续发展的城市之路。有没有信心超过新加坡，这才是我们的魄力。(掌声)其实武汉市的人均GDP要想超过新加坡并不困难。但是我们真正的幸福生活、美丽家园是什么样子呢？请大家看下面的这四个事例。

第一个事例是雾。说起雾，大家都很恨它，其实这也是一个误解。雾本来是一个很好的自然现象，只要它不跟霾结合成为雾霾，就是一个很美的东西。"雾失楼台，月迷津渡，桃源望断无寻处。"宋代诗人秦观估计没有看见过雾霾，所以能写出这么美丽的诗句。如果他看到现在的雾霾，他也许会加一句："雾霾京都，挥手告别，望不见你满脸的愁。"(掌声)我在美国时总想找到雾霾，具体来说，我非要找出美国的雾霾是什么样子。老实说，我在美国一直没有见到雾霾。终于在我回来的前一个星期，2014年2月23日，在美国佛罗里达州盖恩斯维尔市，碰到了一场大雾。看这些照片：这是我居住的家门口，我上这个教会的这辆白色汽车。车开出去了以后，大家看：大雾弥漫。这个车是干什么去的呢？是到教堂去的，看这张照片：在浓雾之中虚无缥缈的一个教堂，这是盖斯恩威尔最大的教堂——西部教堂，我是去体验体验的。进去了以后，在干什么呢？大家看一看，唱诗,就像嘉年华一样。看看这位女士在这里洗礼,看看这位牧师在这里讲经,布道,不到两个小时,我出来了,大家看看这张照片:屋顶尖尖的教堂,蓝天白云,PM2.5 小于 10。这个城市的 PM2.5 规定值就是 10,如果大于 10,这个市的市长,用武汉话讲,“你家吃不了兜着走。”(笑声)所以大家不要冤枉了雾,雾只要不跟霾结合在一块儿,没有什么可怕的。

第二个事例是关于我们的美丽家园和城市历史的。武汉市我刚才说了,我们的中苏友好宫没有了,我居住的积庆里已经破烂不堪了,我上小学的华中里已经荡然无存了,我们的江边也没有什么景致了,民生路也不复存在了。但是我们武汉市有几千年的历史,俞伯牙摔琴谢知音钟子期的故事流传几千年,当时的文化、当时的生活多么富有诗意和美感。我们比美国哪个地方差?美国佛罗里达州有一座古城叫圣·奥古斯丁市,那里的建筑不过只有 300 多年的历史,却都保存完好。那么回过头来看看武汉市我们的民生路的旧照,如果我不说这张图是民生路,拿到外国去,外国人会认为这是旧金山的一条历史文化街道,有什么区别?没有区别。再看江滩、江边的旧照,跟荷兰的阿姆斯特丹有什么两样?再看看我们的中苏友好宫,虽然它没有了,但有些人可能对它还有印象。我前年到了俄罗斯,去莫斯科看了展览馆,竟然就有一座这样的建筑,但是武汉的中苏友好宫却被铲掉了。还有西安的法门寺,法门寺塔倒之前我去过,法门寺塔倒以后我去过,法门寺塔重修了以后我也去过,真正的历史文化古迹被冷落,一个假的历史文化古迹却在这里骗取人们的钱财,破坏人民的土地,破坏当地的生态和人民的生活环境。这不是一件值得骄傲的事情。我们对城市进行保护时不能造假文物,不能破坏我们的真文物。

第三个事例是关于我们的美丽家园及和谐城乡。我刚才说到了,我们中国有这么多住宅,实际上是多了 1 亿～2 亿户住宅,这个数目很惊人,但是别忘了,有的住宅要按照居住标准来衡量,说老实话拆了也不是太可惜。我们农村有许多沿着马路盖的房子,无论是质量,还是设计,更别说外观,都叫人不敢恭维。在佛罗里达州考察时,我把那里的房屋住宅分了五个类型,外加了一类农民的房子。第一类高级住宅,居住在第一类住宅里的人大概不到 10%,这类住宅前面有私家花园,后面有私家游艇码头或者飞机停机坪,这种高级住宅,数量不多也不少。第二类是次高级住宅,它可能有三层楼房,有三个车库,前面有花园,后面有花园,花园不大也不小。居住在第二类住宅里的人有 10%～20%。第三类住宅是中级住宅,一层或者两层,前面有个小小的绿地,后面有一个小小的花园。中国留学生在美国如果定居下来了,拿了绿卡,相当多的就住在这种住宅里。当然不包括那些裸官和富豪买的豪宅,他们都住在高级住宅里面。除了高级住宅没敢进去以外,别的我都进去过了。我不知道他们让不让我进,但是我不敢进。我看也没有人管,话说回来,也没有狗,其实就是有狗也不怕,很奇怪,美国的狗不叫,也不咬人。你们知道的。(哄笑)那,我也不敢进去。不是说美国的私人住宅不能随便闯入吗?所以除了上面这两个,我没有进去,游艇我更不敢上,当然我上了游轮,这里就不说了。第四类住宅是中下级住宅,是单元式的住宅,居住在第四类住宅里的人大概也占 20%,这种住宅跟我国的单元住宅差不多,每户 100 多平方米,甚至 80 多平方米、70 多平方米,话又说回来,居住水平也大概就是每人不到 30 平方米。我们都能达到这个水平。第五类住宅就是低级住宅,是我看到的佛罗里达州最穷、最差的住宅,我估计了一下,大概 60 平方米,外面的环境较差,但是也有车位。里面 90%住的是黑人朋友。连我们在那里的留学生都不会住在这个地方,这个也是要收房租的,我问了一下,房租大概是每个月 400～500 美元,失业哪来这么多钱呢?别忘了,失业会有补助 800 美元。任何人失业都有这笔钱。大家知道,我们的留学生为什么喜欢在美国生孩子?因为在美国生孩子,到了医院后先是不会问你要钱,生出来后,回到家里,给你寄来账单,多少钱呢?1 万多美元,那留学生吓傻了。每个月硕士生只补助 1000 多美元,那还说是奖学金,博士生补助 2000 多美元,要 1 万美元生孩子,没有。你写个证明,我是留学生,我两口子在这里一个月只有 2800 美元,美国说,你是穷人,全免。(哄笑)你要是硕士生,生了两个孩子,美国人说,不但全免,你是不是奶粉不够啊?那好,奶粉钱、尿布钱也都给你。(哄笑)但是这个孩子以后就是美国人了。除了上面五种类型的住宅,还有一种农民住的房子。美国是不是还有比这个差的房子,我不知道,但是我确确实实是跑遍了佛罗里达州的偏僻角落里,我钻到村里面去了,我没见过任何比这个房子还差的,这就是他们农民住的房子,大家看,一间住宅,两辆车子,还有一个放工具的房间。生活在这里,在座的老年朋友想想,你想住在我们学校对面的巴黎豪庭,还是愿意住在这里啊?(笑声,有人喊:住这里。)我是愿意住在这里的。

我要说的第四个事例,还是讲的幸福生活。美国的标准校车是橘黄色的。早上孩子们在固定地点等着校车,校车来了,孩子们坐上去去学校,晚上校车再把孩子送回来。这种特殊设计的校车停下来的时候,前面伸出一个臂膀,上面的红绿灯闪亮,它后面所有的车子就都停下来,对面的所有的车辆只要没有 3 米的分隔带,也都要停下来,这个车就这样牛。孩子们一一下车后,校车把臂膀收起来,把停止的标志收回来,它开动后,后面的车、对面的车才能够开动。这些停下来的车的主人无疑会有富豪,也有高官,但不管你是谁,你都要把车停在校车的后面。在美国,早晨晚间,校车到处都是,再偏僻的地方都有。我问了一下,那里每个校区的学校,一定要保证每一个孩子要用自己的校车接到自己的学校,要用自己的校车送到家长的手中。大家说,这样的情况我们什么时候才能做到?如果说我们治理停车需要耗时 3~5 年,我说了,我们的市长认为我说得对,他去做,3~5 年解决。我们的雾霾,大家知道北京市市长下了决心,立下了军令状,说实在的,他那个军令状也就是把 PM2.5 值控制在 75,他想要 PM2.5 值达到 15,别说军令状,他就是有三个头也做不到。所以这确实非常遥远的事情。再遥远,我们总要达到。

下面是我 2011 年 5 月份从美国回来的时候,写的一首乐府诗,大家知道我们的乐府诗都是比较低沉的,大家想想,“孔雀东南飞,五里一徘徊”,多么叫人荡气回肠。所以我采取乐府诗形式写我的心情,也是有原由的。

“北美半月行,蓝天伴白云。反思高增长,代价忧心焚。空气土地水,何处不蹂躏。堵江挖山紧,资源痛耗损。农村剩劳力,难融城市群。居者盼其屋,房价吓煞人。贫富太悬殊,惊呼道德沦。楼楼频频撤,历史何处寻?交通堵难治,汽车进家庭。差距究其因,执政是为民。居安当思危,警钟应长鸣。发展可持续,和谐保安宁。”(掌声)

其实这就是我要为大家说的,但是我最后还要说句话,我们现在都说要实现中国梦,我听过的最激动人心的一次演说,是马丁·路德·金的《我有一个梦》,你们可以听一听,当年当他用排比句法讲到有一个梦的时候,那是多么激动人心。你要知道,他的梦,要比我们当前的梦困难得多。为了他的梦,1968年,他被种族主义者枪杀了。在座的同志还记得,1968年当他被枪杀的时候,我们是举着小旗子打着标语,我当年在北京,在天安门听毛主席发出的号召:“全世界无产者团结起来,打败美帝国主义及其一切走狗!”(笑声)我没有参加打败美帝国主义及其一切走狗的战斗,但是美国人民确实打倒了我当年认为的美帝国主义。20世纪50年代的时候,他们黑人不能跟白人坐一辆公共汽车,今天,他们的黑人也当上了总统。当总统的这个黑人在总统就职演说上说出了一句话:“是的,我们能够做到!”那么我刚才讲的我们的目标能不能做到呢?我们也能够做到,但是我们不需要美国人对我们号召,想想毛主席对我们的号召。他是怎么说的?他说:“我们的目的一定要达到,我们的目的一定能够达到。”谢谢大家!(掌声)

附B “大城之困”讲座互动问答

（以下互动问答中1、2、3、4问为现场问答，5、6问为答记者问）

1. 问：我们国家和美国不一样，他们做得到一车一位，我们做不到。武汉市高楼太多，建筑太密，车位缺这么多，我认为做不到“一车一位”。你的意见如何？

答：你说得不错，武汉中心城区车位缺口太大，实现“一车一位”难度很大，不易做到。但是，实现“一车一位”，是解决武汉停车之困最基本、最有效的措施，不管难度有多大，都必须做到，而且也一定能做到，只是时间早晚的问题。我想说的是，对于这种早做晚做都必须要做的事，早做比晚做好，越晚做困难越大、损失越大。“一车一位”是世界上所有城市都要做到的，在武汉市还没有出现停车问题时，其他城市就在着手解决这个问题了。武汉市现在执行“一车一位”，是亡羊补牢，为时不晚。做到这一点也不难，一是减少停车需求，二是增加停车供应。减少停车需求的措施很多，比如公交优先，让大家买车而不用车。再比如把配建停车场做好、做足，把专用、转换、公共停车场建足。规定市民每买一辆车，首先要找到一个车位，车位同时登记在册。大家一起动脑筋，想办法挖潜，交管严格管理，政府大力支持，就能做到。

关于按“一车一位”原则登记车辆的尝试，北京多年前就实行过，但是他们没坚持，这非常可惜。我同北京公安交管局老领导段里仁先生谈到这事时，他也很惋惜。20世纪60年代初，段先生从咱们武汉大学物理系毕业，他是我国交通科学最早的专家型官员之一。他认为，北京当时的失败完全在于管理不严、作风不正。今天，只要坚持习主席提倡的雷厉风行的工作作风，“打铁还要自身硬”，没有做不到的。我一直认为，别的国家能做到的事，我们也能做到，所谓“彼人也，予人也。彼能是，而我乃不能是”，别人能做到的事，我们为什么做不到？非不能也，乃不为也！

2. 问:武汉的车太多了,我们建议要限购,政府说还不能限。你怎么看?

答:限制购车并非是一项好举措,在心理上,大家会觉得不公平。我希望市民能自由选择适合于自己的交通方式。我一贯认为,限、摇、拍都不是好办法,有的地方、有的时期不得不采用,那是无奈之举。你问已经有车的人群,他可能支持这种做法,但你问问打算买车的人,他们大概不会支持,当然,你要是问根本就不打算买车的人,意见也会分歧。正打算买车的人们会问:“你们早富起来的人买车,为什么可以自由、自主选择,为什么我后富起来,要买车了,你就限啊、摇啊、拍啊,增加我的购车成本?这公平吗?”我们交通科学管理的任务就是要保障人们自由、自主地选择适合于自己的交通方式,并将它们和谐地组织在一个统一的交通系统之中。可以说,目前我们城市出现停车难、行车堵的问题,主要是由于我们政府管理失误造成的,我们的失误,不能让老百姓承担代价。承认这是无奈之举、无理之举,那我们在不得不执行时就会满怀歉意、感到愧疚,而不是自以为是、理直气壮。这有利于加强管理者的责任感,也增加老百姓的理解与谅解。同时,我们还要勇于承认这是无能之举。大家想想,限,有什么科技含量啊?你堵,我就限,看似取得了立竿见影的效果,实则是饮鸩止渴、恶性循环。政府真正应该采取的措施是科学诱导,例如大力发展公共交通,诱导人们采用公交出行方式,提倡有车但少用车。

3. 问:你们专家的建议能起多大作用?你们在政府决策中能有多大的分量?

答:作用很有限。我这类性质的专家只是参谋而已,“参谋不带长,放屁也不响”。我参加过许多所谓专家咨询会、评审会,你老提不同意见,人家何必非要请你去参加呢?发表意见与领导一样的专家有的是。我说我的知识和科学建议是无价之宝,那是说,你要采纳,价值千万亿万;你要不用,就一钱不值,都是“无价”的。

4. 你对武汉解决这些大城市的困局有没有信心?

答:我当然有信心。社会进步是不可阻挡的、是必然的。市民、专家、政府越早认识,并且越早行动,困局就会越早解决,解决得也就越好。

5. 武汉交通拥堵很严重,你对武汉治堵有什么建议?

答:解决交通拥堵问题的思路可以很多,但根本办法是科学的规划。和许多城市一样,武汉交通拥堵的原因主要在于城市聚集建设过大,如建设的容积率过高、人口密度过大、车均道路面积率过小,加上城市道路施工,都会引起交通拥堵。这些问题都可以通过合理的城市规划得到解决。

如减少出行需求量;大力发展公共交通,鼓励大家多选择公共交通方式;合理规划工作地点与居住地点,将居民的出行距离缩短,出行次数减少。出远门坐公交,上学、上班骑自行车,买菜步行,交通拥堵就会小很多。但是,目前城市有许多流动人口,他们的工作单位不固定,工作单位和家的距离非常远,上班靠自行车是不行的。所以减少出行量的前提是要把大家的生活半径缩小,这就需要城市合理地进行规划和布局。

我提倡三个“50%以上”,特别强调“以上”,这个比例越大越好。人的出行是为了生活和工作,每人每天平均出行2.5次左右,希望人们50%以上的出行选择自行车和步行;希望选择机动化出行时,50%以上能够选择公交出行;希望选择公共交通出行时,50%以上能够选择轨道交通出行。很显然,这就靠城市公共交通发达,大力建设地铁,更要布局合理。这里还是涉及科学规划问题。

减少拥堵的最佳办法是减少出行率,缩短出行距离。目前我国的许多城市采取了不可持续的发展模式,我称其为“非典型城市化进程”,这种模式很不利于减少拥堵这个目标的实现。典型城市化发展是“渐进、有序、可持续”的发展。从非典型到典型的回归,虽然需要时间和周期,但我们必须回归。

6. 你对武汉实现可持续发展城市模式有什么建议?

答:我建议学习、采取新加坡城市化发展模式,改变盲目、片面追求大,追求GDP,以及固守城乡户籍旧秩序的思维模式。新加坡走的是环境友好型、资源节约型、城乡一体型的可持续发展城市化道路。我建议,从现在起,考核领导的标准就应该加入对环境保护的考核指标,对人居环境的考核指标,对人民生活幸福指数的考核指标。

附图 1 2014 年 3 月 8 日，在武汉《名家论坛》做题为“大城之困”的讲座

附图 2 “大城之困”讲座，引起听众极大的兴趣与思考

附图 3 城市化，社会发展必由之路

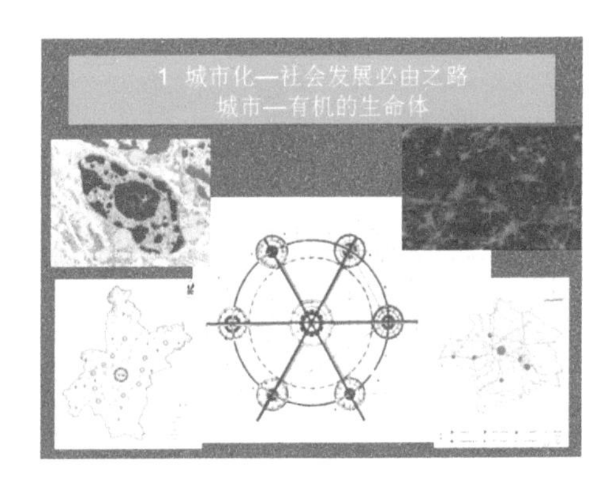

附图 4 城市，有机生命体

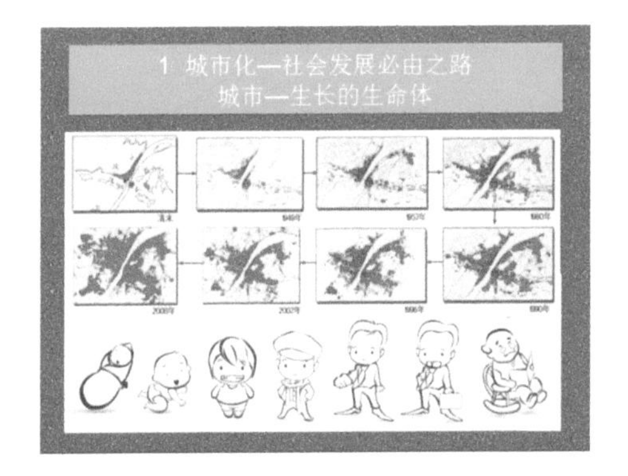

附图 5 城市，成长的生命

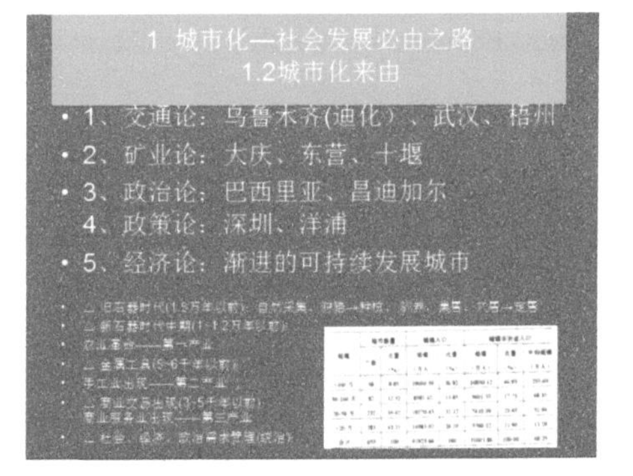

附图 6 城市由来，第一产业人口向第二、第三产业人口转移

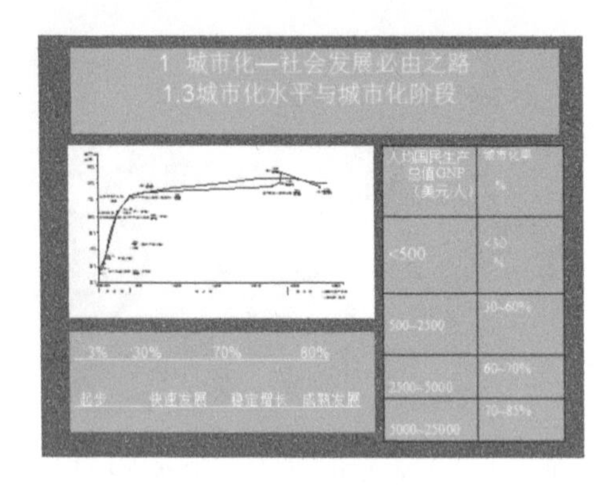

附图 7　城市化发展阶段及其与人均国民生产总值(GNP)相关联

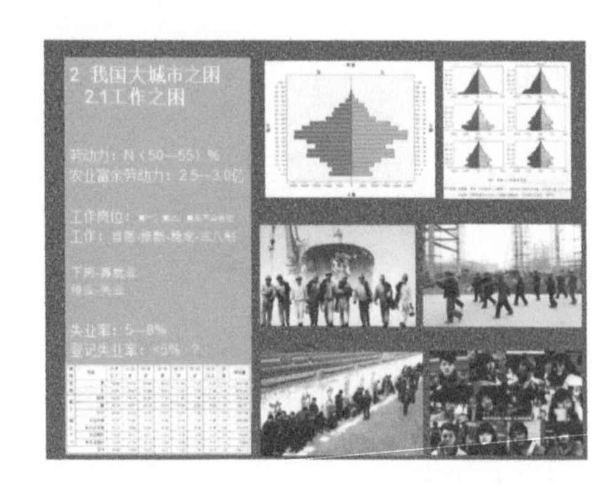

附图 8　大城九困之一，工作之困

附图 9　大城九困之二，居住之困

附图 10　大城九困之三，资源之困

附图 11　大城九困之四，环境之困

附图 12　大城九困之五，历史文化保护之困

附图 13　大城九困之六，道德传承之困

附图 14　大城九困之七，安全之困

附图 15　大城九困之八，城市母体之困

附图 16　大城九困之九，交通之困

附图 17　大城交通问题之重

附图 18　大城交通拥堵

附图 19　停车困难

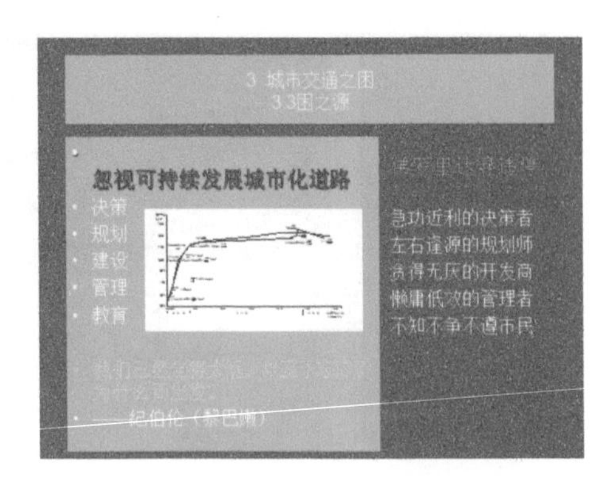

附图 20　大城之困之源

附图 21　大城交通困难之解

附图 22　停车困难之解

附图 23　他山之石，可以攻玉

附图 24　建设美丽家园，幸福生活

附图 25　历史文化保护之路

附图 26　美丽家园——宜居之住宅

附图 27　农牧民的土地与家园

附图 28　幸福生活之一，全面义务教育的保障——校车

附图 29　校车——接送每一个需要接送的孩子

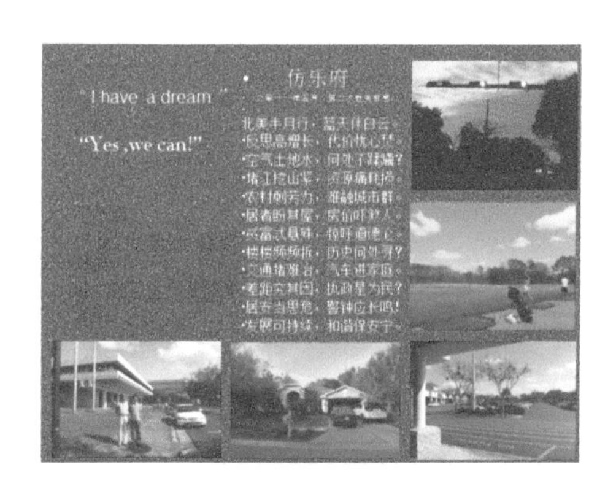

附图 30　我们的目的一定要达到，我们的目的一定能够达到

重印后记

本书第一版第一次印刷和第二次印刷发行后，很快售罄，影响较好。同时，也收集到一些要求作者再版的信息。经商议，决定先行重印，待时机合适，再修订。

本书重印前，还收集到了任周宇先生和李瑞敏先生阅读本书后写的文章，在征求他们的同意后，决定作为序言放入本书。任周宇先生，原武汉城市建设学院院长，国家资深规划师。八十高龄的任教授在病榻上阅读本书，勾画要点，精心批注，提出修改建议并热情向规划师，尤其是向主持城乡规划与建设的政府领导作出推荐。清华大学李瑞敏先生在阅读了本书后，在网上发表了中肯的评论文章，指出了本书的特点、价值，也提出了意见和建议。将这两篇文章作为序言，对于读者阅读本书一定是有益的。